U0962531

高等院校测绘工程创新系列教材

数字测图

主　编　王学军
副主编　葛志华
　　　　张雪松
　　　　王丽艳

中国商业出版社

图书在版编目(CIP)数据

数字测图/王学军主编. -北京:中国商业出版社,2015.2

ISBN 978-7-5044-8365-2

Ⅰ.①数… Ⅱ.①王… Ⅲ.①数字化测图-高等职业教育-教材 Ⅳ.①P231.5

中国版本图书馆CIP数据核字(2014)第018998号

责任编辑:蔡凯

中国商业出版社出版发行

010-63180647 www.c-cbook.com

(100053 北京广安门内报国寺1号)

新华书店总店北京发行所经销

北京高岭印刷有限公司印刷

* * * * *

787×1092毫米 16开 9.25印张 260千字

2015年2月第1版 2015年2月第1次印刷

* * * *

定价:27.80元

(如有印装质量问题可更换)

前 言

随着光电技术的应用与计算机的普及发展,测绘技术的方法和手段也发生根本性转变，特别是全站型电子速测仪、RTK 等先进测量仪器的广泛应用，使数字测图技术得到了突飞猛进的发展。因此，工程测量技术急需从白纸测图向数字测图转变。然而，目前一些高职院校条件还较差，数字测图方面仅仅处于起步阶段，于是我们编写了适用于此阶段的数字测图教材，以满足初学者的需要。

教材主要介绍了全站仪的操作技术及其在数字化测图上的应用，CASS 成图软件的应用知识与技巧。全站仪是常用的野外数据采集仪器，加强对不同类型全站仪的了解，掌握常见类型全站仪的操作技能至关重要。CASS 成图软件，是广州南方测绘仪器公司基于 AutoCAD 平台推出的数字化测绘成图系统。该系统操作简便、功能强大、成果格式兼容性强，被广泛应用于地形、地籍成图、工程测量、空间数据建库等领域。

教材编写力求贯彻教育部 2011 年 11 号、12 号文件精神，本着“培养学生能力为主、掌握知识为辅，任务在前、知识在后”的原则，融“教、学、做”为一体，最大限度满足行动导向与任务驱动教学法要求，以全面提高高职高专教材质量，主动适应职业教育发展的新形势。本书内容丰富，以实例讲解的形式，争取把理论学习和上机操作训练一并讲透，讲练结合，将理论知识融入翔实的效果图制作实例中。但我们知道这是一项非常艰巨的任务,为了满足初学者的需求，讲解过程中力求遵循“由易到难、先简后繁”的顺序，并对使用中出现的问题和技术难点进行了较全面的剖析，最终实现本教材编写的初衷:理论知识“实用、够用”，技能操作“翔实、易操作”，体现“做中学”。

本教材是面向高职院校现状,为适应工程测量技术专业教学需要而编写的。根据职业教育特点,教材注重实用性与操作性,密切联系生产实践,尽量引用生产实例进行教学。

全书共分5个学习情境。主要内容包括:全站仪的使用、初识CASS7.0、测绘地形图、绘制地籍图、数字地图管理。每部分均以基本操作结合实例讲解,图文并茂,重点突出、难点分散,是一本较好的数字化测图入门教材。

本教材实例选择适宜、条理清晰,能够满足高职高专院校当前课程教学改革需要,为推动行动教学和任务驱动教学法的研究与应用提供实用性教材。同时,本教材也非常适合数字测图的初学者自学参考选用。

本教材按60学时编写,适用于工程测量技术专业,也可作为短期培训教材。本教材由沧州职业技术学院部分教师共同编写而成,其中学习情境1由葛志华老师编写,学习情境2由张雪松老师编写,学习情境3由王丽艳老师编写,其余部分由王学军老师编写,最后由王学军老师统稿。编写过程中得到了沧州职业技术学院城建系领导及相关人员的大力支持,借本教材出版之际,对各位领导、老师的积极参与及付出,表示衷心感谢。

由于编者水平所限,尤其是时间仓促,书中疏漏之处在所难免,也不乏有以偏代全的讲解,恳请广大师生在使用过程中,及时提出宝贵意见与合理建议,以敦促本教材再版时趋于完善。

编　者

2015年2月

目　录

学习情境1　全站仪的使用

学习情境2　初识CASS7.0

学习情境3　测绘地形图

学习情境4 绘制地籍图

学习情境5 数字地图管理

学习情境1　全站仪的使用

【技能目标】

熟练掌握全站仪的安装、整平、对中；掌握棱镜的对中、整平；熟练掌握距离测量、角度测量、坐标测量；配合测量操作进行仪器功能设置。

【知识目标】

全站仪的基础操作，测角、测边、测三维坐标和三维坐标放样的原理和操作方法。全站仪测三维坐标和三维坐标放样的原理和操作方法。

【内容简介】

了解全站仪的分类、等级、重要技术指标；控制全站仪的基本操作，测角、测边、测三维坐标和三维坐标放样的原理和操作方法；懂得全站仪的对边测量、悬高测量、面积测量等方法。

【学习重点】

全站仪各部件的功能；测量各种参数的原理及操作方法；快速准确地使用全站仪测距、测角、测坐标。

1.1　全站仪概述

全站仪是人们在角度测量自动化的过程中应用而生的，各类电子经纬仪在各种测绘作业中起着巨大的作用。

全站仪的发展经历了从组合式即光电测距仪与光学经纬仪组合，或光电测距仪与电子经纬仪组合，到整体式即将光电测距仪的光波发射接收系统的光轴和经纬仪的视准轴组合为同轴的整体式全站仪等几个阶段。

最初速测仪的距离测量是通过光学方法来实现的，我们称这种速测仪为“光学速测仪”。实际上，“光学速测仪”就是指带有视距丝的经纬仪，被测点的平面位置由方向测量及光学视距来确定，而高程则是用三角测量方法来确定的。

带有“视距丝”的光学速测仪，由于其快速、简易，而在短距离(100 米以内)、低精度（1/200、1/500)的测量中，如碎部点测定中，有其优势，得到了广泛的应用。

随着电子测距技术的出现，大大地推动了速测仪的发展。用电磁波测距仪代替光学视距经纬仪，使得测程更大、测量时间更短、精度更高。人们将距离由电磁波测距仪测定的速测仪笼统地称之为“电子速测仪”。

然而，随着电子测角技术的出现。这一“电子速测仪”的概念又相应地发生了变化，根据测角方法的不同分为半站型电子速测仪和全站型电子速测仪。半站型电子速测仪是指用光学方法测角的电子速测仪，也有称之为“测距经纬仪”。这种速测仪出现较早，并且进行了不断的改进，可将光学角度读数通过键盘输入到测距仪，对斜距进行化算，最后得出平距、高差、方向角和坐标差，这些结果都可自动地传输到外部存储器中。全站型电子速测仪则是由电子测角、电子测距、电子计算和数据存储单元等组成的三维坐标测量系统，测量结果能自动显示，并能与外围设备交换信息的多功能测量仪器。由于全站型电子速测仪较完善地实现了测量和处理过程的电子化和一体化，所以人们也通常称之为全站型电子速测仪或简称全站仪。

20 世纪 80 年代末，人们根据电子测角系统和电子测距系统的发展不平衡，将全站仪分成两大类，即积木式和整体式。20 世纪 90 年代以来，基本上都发展为整体式全站仪。全站仪，是一种集光、机、电为一体的高技术测量仪器，是集水平角、垂直角、距离(斜距、平距)、高差测量功能于一体的测绘仪器系统。因其一次安置仪器就可完成该测站上全部测量工作，所以称之为全站仪。广泛用于地上大型建筑和地下隧道施工等精密工程测量或变形监测领域。

1.2 全站仪的构造

电子全站仪由电源部分、测角系统、测距系统、数据处理部分、通讯接口、显示屏、键盘等组成。同电子经纬仪、光学经纬仪相比，全站仪增加了许多特殊部件，因此而使得全站仪具有比其它测角、测距仪器更多的功能，使用也更方便。这些特殊部件构成了全站仪在结构方面独树一帜的特点。

1.2.1 同轴望远镜

全站仪的望远镜实现了视准轴、测距光波的发射、接收光轴同轴化。同轴化的基本原理是:在望远物镜与调焦透镜间设置分光棱镜系统，通过该系统实现望远镜的多功能，即既可瞄准目标，使之成像于十字丝分划板，进行角度测量。同时其测距部分的外光路系统又能使测距部分的光敏二极管发射的调制红外光在经物镜射向反光棱镜后，经同一路径反射回来，再经分光棱镜作用使回光被光电二极管接收;为测距需要在仪器内部另设一内光路系统，通过分光棱镜系统中的光导纤维将由光敏二极管发射的调制红外光传也送给光电二极管接收，进行而由内、外光路调制光的相位差间接计算光的传播时间，计算实测距离。

同轴性使得望远镜一次瞄准即可实现同时测定水平角、垂直角和斜距等全部基本测量要素的测定功能。加之全站仪强大、便捷的数据处理功能，使全站仪使用极其方便。

1.2.2 双轴自动补偿

在仪器的检验校正中已介绍了双轴自动补偿原理，作业时若全站仪纵轴倾斜，会引起角度观测的误差，盘左、盘右观测值取中不能使之抵消。而全站仪特有的双轴(或单轴)倾斜自动补偿系统，可对纵轴的倾斜进行监测，并在度盘读数中对因纵轴倾斜造成的测角误差自动加以改正(某些全站仪纵轴最大倾斜可允许至 $\pm 6'$)，也可通过将由竖轴倾斜引起的角度误差，由微处理器自动按竖轴倾斜改正计算式计算，并加入度盘读数中加以改正，使度盘显示读数为正确值，即所谓纵轴倾斜自动补偿。

双轴自动补偿的所采用的构造:使用一水泡(该水泡不是从外部可以看到的，与检验校正中所描述的不是一个水泡)来标定绝对水平面，该水泡是中间填充液体，两端是气体。在水泡的上部两侧各放置一发光二极管，而在水泡的下部两侧各放置一光电管，用一接收发光二极管透过水泡发出的光。而后，通过运算电路比较两二极管获得的光的强度。当在初始位置，即绝对水平时，将运算值置零。当作业中全站仪器倾斜时，运算电路实时计算出光强的差值，从而换算成倾斜的位移，将此信息传达给控制系统，以决定自动补偿的值。自动补偿的方式初由微处理器计算后修正输出外，还有一种方式即通过步进马达驱动微型丝杆，把此轴方向上的偏移进行补正，从而使轴时刻保证绝对水平。

1.2.3 键盘

键盘是全站仪在测量时输入操作指令或数据的硬件，全站型仪器的键盘和显示屏均为双面式，便于正、倒镜作业时操作。

1.2.4 存储器

全站仪存储器的作用是将实时采集的测量数据存储起来，再根据需要传送到其它设备如计算机等中，供进一步的处理或利用，全站仪的存储器有内存储器和存储卡两种。全站仪内存储器相当于计算机的内存(RAM)，存储卡是一种外存储媒体，又称 PC 卡，作用相当于计算机的磁盘。

1.2.5 通讯接口

全站仪可以通过通讯接口和通讯电缆将内存中存储的数据输入计算机，或将计算机中的数据和信息经通讯电缆传输给全站仪，实现双向信息传输。

1.3 安全操作注意事项

1.3.1 一般情况

- 禁止在高粉尘、无良好排风设备或靠近易燃物品环境下使用仪器，以免发生意外。
- 禁止自行拆卸和重装仪器，以免引起意外事故。
- 禁止直接用望远镜观察太阳，以免造成眼睛失明。
- 观测太阳时务必使用阳光滤色镜。
- 禁止坐在仪器箱上，以免滑倒造成人员受伤。
- 禁止挥动或抛甩垂球，以免伤人。
- 确保固紧提柄固定螺丝，以免提拿仪器时仪器跌落而造成人员受伤或以其受损。
- 确保固紧三角基座制动控制杆，以免提拿仪器时基座跌落而造成人员受伤。

1.3.2 电源系统

- 禁止使用与指定电压不符的电源，以免造成火灾或触电事故。
- 禁止使用受损的电线、插头或松脱的插座，以免造成火灾或触电事故。
- 使用指定的电源线，以免造成火灾事故。
- 充电时，严禁在充电器上覆盖物品，以免造成火灾事故。
- 使用指定的充电器为电池充电。

●严禁给电池加热或将电池扔入火中，以免爆炸伤人。

●为防止电池存放时发生短路，可用绝缘胶带贴于电池电极处。

●严禁使用潮湿的电池或充电器，以免短路引发火灾。

●不要用湿手插拔电池或充电器，以免造成触电事故。

不要接触电池渗漏出来的液体，以免有害化学物质造成皮肤烧伤。

●仪器长期不用时，应将电池取下分开存放，电池应至少每月充电一次。

1.3.3 三角架

●将仪器架设在三脚架时，务必固紧三角基座制动控制杆和中心螺旋，以免仪器跌落伤人。

●架设仪器时，三脚架的脚螺旋务必固紧，以免三脚架倒下伤人。

●架设三脚架时，应注意防止手、脚被三角架脚尖刺伤。

●拿起三脚架前务必固紧脚螺旋，以免三角架脚伸出伤及他人。

1.3.4 防尘防水

●禁止将仪器浸入水中，本仪器是按照国标防水标准 IPX4 进行设计的，可保护仪器免受普通雨水的损害。

●为确保仪器的防尘防水性，务必正确地合上电池护盖和通讯接口护套。

确保电池护盖和通讯接口内部干燥、无尘，以免损坏仪器。

●关闭仪器箱时应确保仪器和箱内干燥、无尘，防止仪器锈蚀。

●严禁将仪器直接置于地面上，避免沙土、灰尘损坏中心螺旋或螺孔。

1.3.5 使用方法

●安置仪器时应尽可能使用木质三角架，使用金属三角架可能会因晃动而影响观测精度。

●三角基座安装不正确将会影响观测精度，应时常检查基座上的校正螺丝，确保基座固定钮锁好，基座固定螺丝旋紧，防止仪器受震。

●作业前应仔细全面检查仪器，确信仪器各项指标、功能、电源、初始设置和各项参数均符合要求时再进行作业。

●迁站时必须将仪器从三角架上取下。

●取下电池前务必先关闭电源开关。

1.3.6 激光安全信息

本系列产品中，部分品种下对点器内装有激光光源，为了防止激光损伤您的眼睛，切勿用眼睛直接观察下对点器内的光源。不要频繁地开关激光对点器，以免损坏激光器。

1.3.7 其他

●当仪器从温暖的地方移至寒冷的地方操作时，由于内部空气与外界存在温差，可能导致键盘操作粘连，此时请先打开电池盖，置放若干时间。

●避免仪器受到强烈的冲击或震动。

1.4　仪器功能介绍

1.4.1 仪器部件名称

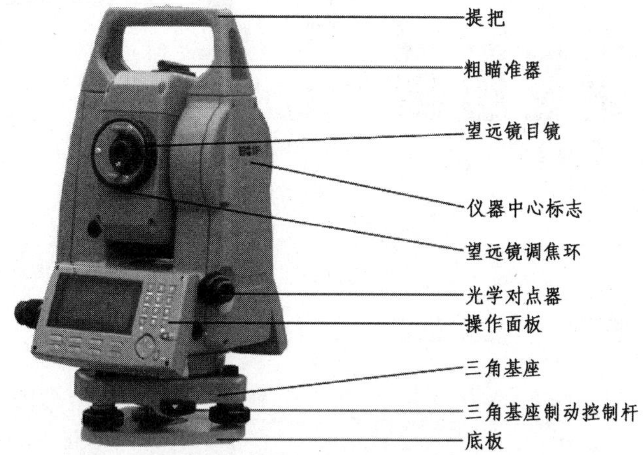

图1－1 仪器部件名称(一)

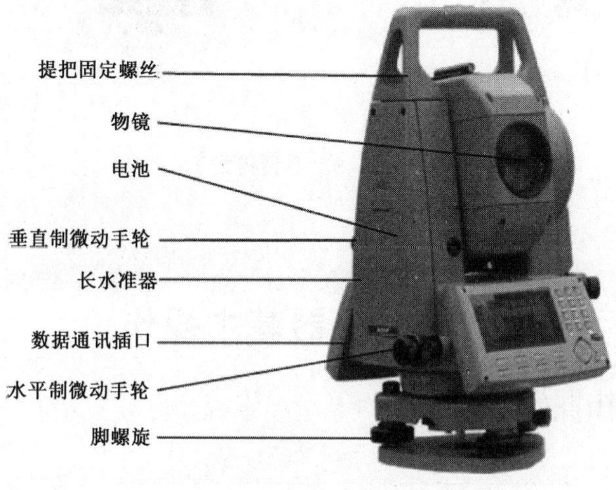

图1－2 仪器部件名称(二)

1.4.2 模式图

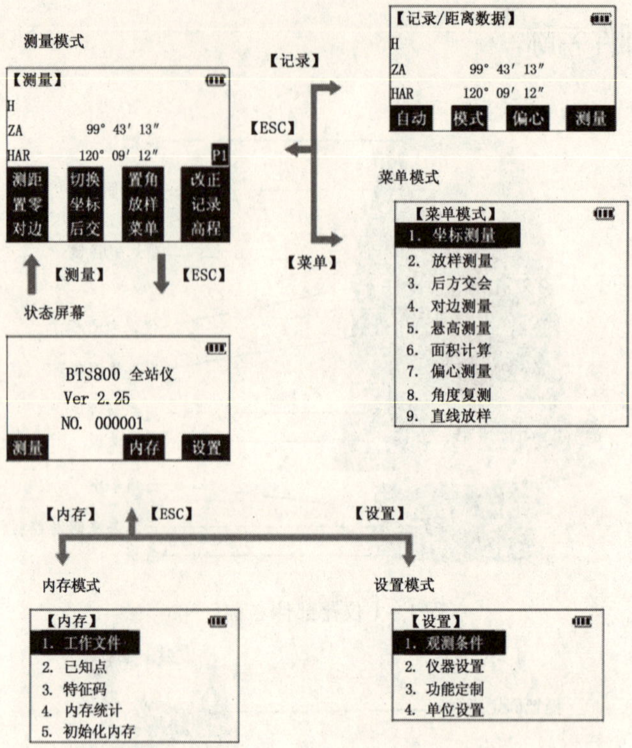

图1-3 测量模式图

1.5 仪器基本操作

1.5.1 键盘基本操作

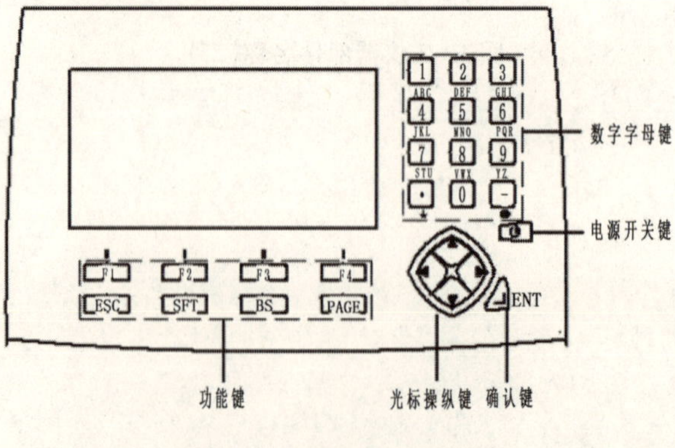

图1-4 仪器键盘功能分区

(1)电源开关键

开机:按【⏻】

关机:长按【⏻】超过2秒。

(2)功能键

【F1】~【F4】:按【F1】~【F4】选取对应的功能,该功能键随模式不同而改变。

【ESC】:取消输入或返回至上一状态。

【SFT】:功能切换键，用于键盘数字字母输入切换及进入快捷键功能。

【BS】：删除光标左侧的一个字符。

【PAGE】:翻页键。

【↵】:选取选项或确认输入的数据。

(3)快捷键

【SFT】+【★】:先按【SFT】再按【★】进入星键功能界面。

【SFT】+【一】:先按【SFT】再按【一】进入测距回光信号检测。

(4)光标操纵键

◂ ▸ ▴ ▾:操作该键可上下左右移动光标,用于数据输入、选取选择项。

(5)字母数字键

【0】~【9】:在输入数字时，输入按键对应的数字;输入字母时，先按【SFT】切换输入状态，然后输入按键上方对应的字母,按第一次输入第一字母，按第二次输入第二字母，按第三次输入第三字母。

【.】:输入数字中的小数点。

【-】:输入数字中的负号。

实例1:输入文件名“BTS”(如图1-5所示)

1) 按【SFT】进入字母输入模式，此时屏幕右侧显示“a”。

2) 按2次【1】键入“B”。

3) 按【▸】右移光标一位，按2次【7】键入“T”。

4) 按【▸】右移光标一位，按1次【7】键入“S”。

5) 按【↵】确认输入。

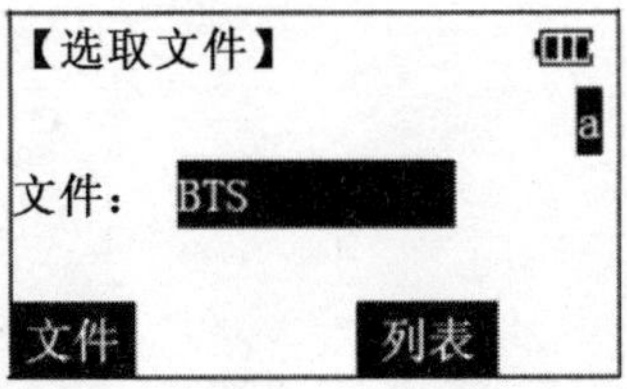

1-5　**输入文件名界面显示图**

实例2:设置气压单位为“mmHg”:(如图1-6所示)

1)在设置模式下，上下按动光标操纵键使光标移至“单位设置”菜单项，按【↵】选取该项。

2)按光标操纵键使光标移至“气压单位”选择项

3)左右按动光标操纵键，选取气压单位为“mmHg”。

4)按【↵】确定选取退出。

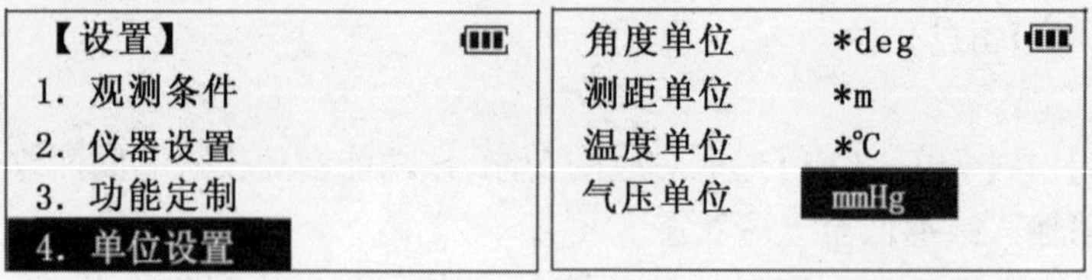

图 1-6 单位设置界面显示图

1.5.2 显示信息

(1)状态模式屏幕(如图 1-7 所示)

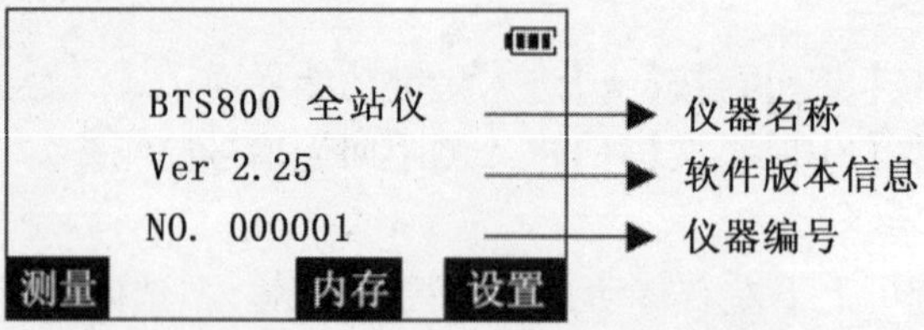

图 1-7 状态模式屏幕

(2)测量模式屏幕(如图 1-8 所示)

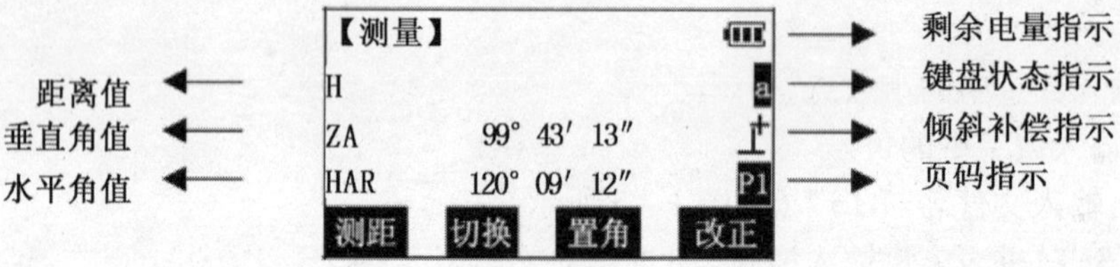

图 1-8 测量模式屏幕

1.5.3 显示符号

在测量模式下要用到若干符号，这些符号及含义如下：

- PC 棱镜常数
- ppm 气象改正数
- S 斜距
- H 平距
- V 高差
- ZA 天顶距
- VA 垂直角
- HAR 右角
- HAL 左角
- HAh 水平角锁定

1.5.4 电池的使用及维护

本仪器使用专用充电电池组和充电器，电池组电压7.2V，测量前请将电池充足。在使用充电电池及充电器前，请仔细阅读有关使用说明。

(1)充电步骤

1）将电池盒连接充电器。

2）接通充电器电源，充电指示灯显示红色，开始充电。

3）电池充满后，指示灯变为绿色。

4）电池充满后，先拔下充电器的插头，再将电池从充电器上取下。

(2)注意事项

1）仪器不使用时应将电池卸下。

2）卸下电池前务必先关闭电源。

3）在安装或卸下电池前注意防止水滴或尘土进入主机内。

4）定期用清洁布擦拭电源触点以确保触点的清洁。

5）请在0摄氏度到45摄氏度的温度范围内对电池充电。

6）电池必须充完电后储存，且至少每隔3个月应该为电池充电一次。如果放电后储存或超过期限不充电，电池会因自动放电导致电量过低，影响电池电量。

7）电池的自放电受温度及湿度的影响，高温及高湿会加速电池的自放电，推荐将电池存储在0到20摄氏度的温度范围以及干燥的环境下。

(3)充电器使用说明

1）充电器和电池配套使用，不要用本充电器给其他型号的电池充电。

2）本充电器为快速充电器，4小时之内能完成快速充电。

3）快充结束后电池容量能达到80%左右。如果需要充满电池还要经过2至4小时的涓流充电。

4）充电器的指示灯空载和涓流充电时绿灯亮，快速充电时红灯亮，快充结束后自动转为涓流充电。

5）涓流充电不会充坏电池，但充电时间最好不要超过24小时。

6）如果要充电的电池剩有较多的电没用完，充电时可能不能进入快充状态，只能涓流充电。要想进入快充状态必须先接好电池再插电源。

(4)电池安装与拆卸

1)将电池的底部突起卡入主机，朝仪器方向推动电池直至勾块卡入挡板为止。

2)向下按动勾块即可取下电池。

(5) 电池显示信息(如图1－9所示)

仪器显示屏右上角显示电池电量，表明电源状况。

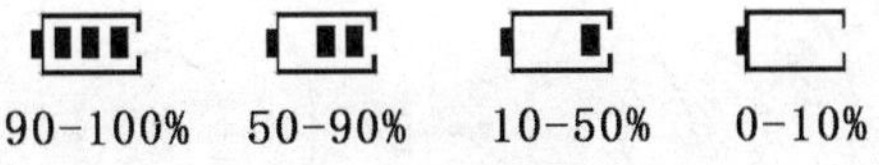

图1－9 电量显示

由满电量到小电量都可进行测量，当电池电量将耗尽时，仪器约10秒报警一次，并显示“电池电量低!”的提示，此时不可以再进行测量，应立即存贮数据，更换电池，否则仪器将在

1 分钟后自动切断电源关机。

1.5.5 架设仪器

注意:整平仪器前应先装上电池，因为装上电池后仪器会发生微小的倾斜。

1）将三脚架打开,伸长到适当高度，拧紧三个固定螺丝。

2）将仪器安装在三脚架上，然后拧紧连接螺丝。

3）利用圆水准器粗略整平仪器(如图 1－10)

①旋转两个脚螺旋 A、B,使圆水准器气泡移到与上述两个脚螺旋连线垂直的水泡中心线上。

②旋转脚螺旋 C，使圆水准器气泡居中。

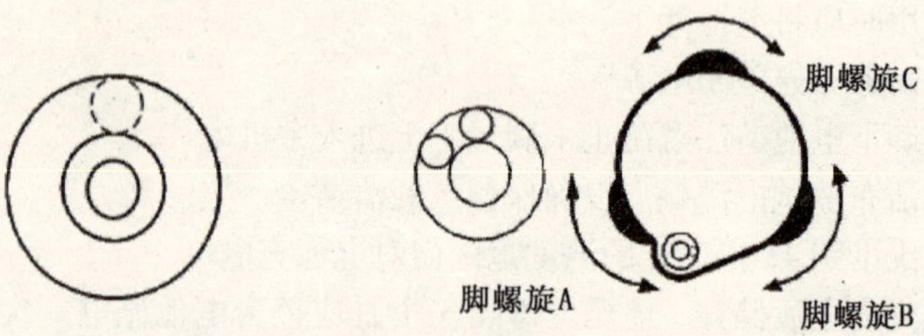

图 1－10　粗略整平

4）利用长水准器精确整平仪器：①松开水平制动螺旋，水平旋转仪器使长水准器平行于某一对脚螺旋的连线 AB，旋转 A、B 两个脚螺旋使长水准器气泡居中。②将仪器绕竖轴旋转 90°(100g)，旋转第三个脚螺旋 C,使长水准器管气泡居中，再次旋转 90°(100g)，重复①、②步骤，直至四个位置处的长水准器管气泡始终居中为止。(如图 1－11)

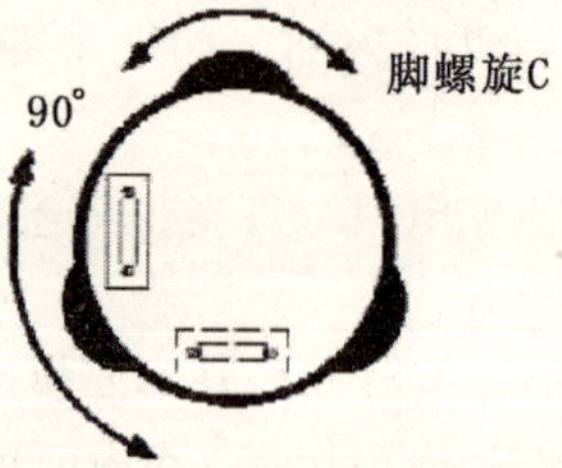

图 1－11　精确整平

5）利用光学对点器对中：调节光学对点器的目镜，看清对点器分划板。松开三角架上的中心手把，轻移仪器，使光学对点器的中心标志对准测站点。(如图 1－12)

注意:尽量平移仪器，不要让仪器在架头上有转动，以尽量减少气泡的偏移。

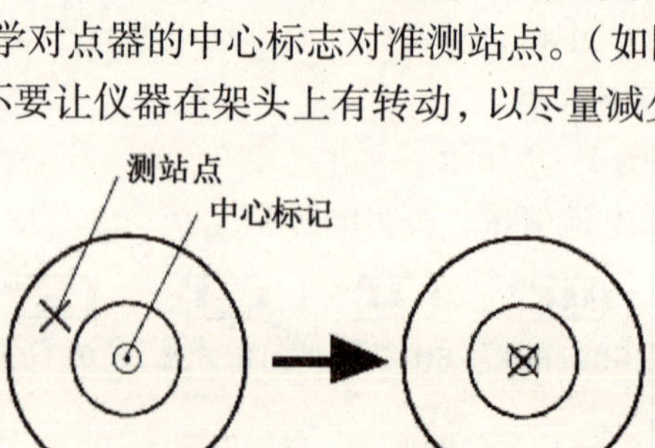

图 1－12　光学对中

6）最后精确整平仪器

按第4)步精确整平仪器，直到仪器旋转到任何位置时，长水准器气泡始终居中为止，最后拧紧中心手把。

1.5.6 调焦与照准

注意：

● 照准时如有强烈阳光直接进入物镜可能会造成仪器功能失灵，此时应使用物镜遮光罩。

● 当改变盘位观测时，用十字丝同一位置照准目标。

1）目镜调焦：用望远镜观察一明亮无地物的背景。将目镜顺时针旋到底，再逆时针慢慢旋转至十字丝成像最清晰（目镜调焦不需要经常进行）。

2）照准目标：松开垂直和水平制动手轮，用粗瞄准器照准目标使其进入视场后固紧两制动手轮。

3）物镜调焦：旋转望远镜调焦环至目标成像最清晰。用垂直和水平微动手轮使十字丝精确照准目标。

4）再次调焦至无视差：再次进行调焦，直至使目标成像到十字丝间不存在视差。

1.5.7 开机

1）按下开关键，听到一声鸣响，电源接通，仪器首先进行工作是否正常的自检，随后显示仪器型号信息、版本号，并提示“转动望远镜，设置垂直角零位”。

2）旋转望远镜，听到一声鸣响，垂直角零位设置完毕，仪器进入测量模式。

注意：

● 如果屏幕显示“倾斜超差”提示，说明仪器尚未整平，需重新整平仪器。

● 在受强风或振动影响的环境下观测而仪器无法保持稳定时，垂直角显示值可能发生不稳定现象。应在星键模式中关闭补偿器，或者在设置模式中将“观测条件”中的“倾斜改正”选项设置为“关”。

1.5.8 使用星键（★键）功能

在任何模式下，按【SFT】再按【★】进入星键快捷功能。在此功能界面下，可进行如下操作：

【F1】——打开或关闭显示器背景光照明。

【F2】——打开或关闭激光对点器的开/关。（仅对装有激光对点器的仪器）

【F3】——仪器倾斜值显示及补偿器的开或关。

【F4】——快速查看内存状况。

（1）仪器倾斜值显示及补偿（如表1－1）

表 1-1　仪器倾斜值显示及补偿

1. 按【补偿】进入仪器倾斜值显示及补偿功能补偿界面。 仪器显示 X 向(望远镜视轴方向)竖轴倾斜值。 ●如倾斜值超过 3′,仪器显示“倾斜超差”。	【补偿】	【X向倾斜值】 -0° 00′ 26″ 开补偿器? 取消　确定
2. 按【确定】,打开补偿器,返回星键功能界面。仪器将对垂直角进行倾斜改正。	【确定】	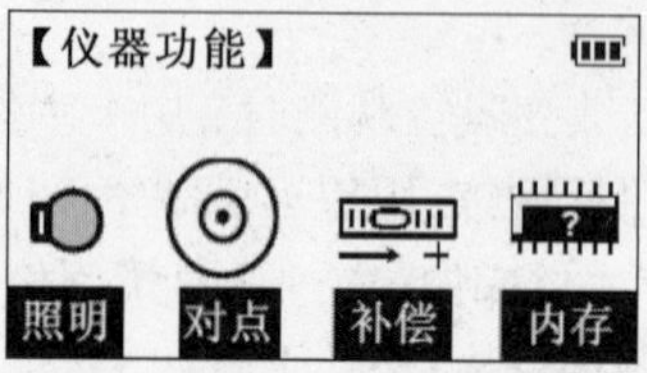
●设置模式中将“观测条件”中的“倾斜改正”选项设置为“关”,也可以开启补偿器,并且设置被保存。 最大倾斜补偿范围:3′		

(2)快速查看仪器内存(具体操作见表 1-2)

表 1-2　仪器内存查看

1. 按【内存】进入仪器内存状况显示界面。 ●当前文件:当前选定的工作文件。 ●文件内记录:当前工作文件中已存储的记录数。 ●可用记录:内存可用于存贮数据的空闲记录块数。 ●内存总记录:内存全部记录块数。	【补偿】	【内存】 当前文件:　JOB01 文件内记录:　254 内存总记录:　15216 可用记录:　14962
2. 按【ESC】,返回星键功能界面。	【确定】	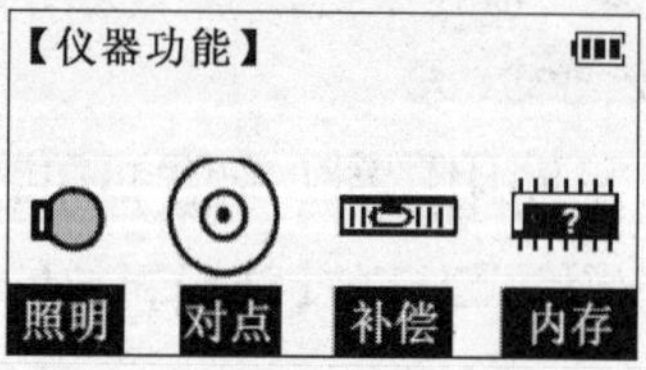

1.6　角度测量

1.6.1 两点间角度测量(见表 1-3)

利用水平角置零功能“置零”测定两点间的夹角,该功能可将任何方向的水平角度值设置为零。

表1－3　　两点间角度测量

操作过程	操作键	显示
1. 按右图所示照准目标点1。		
2. 在测量模式第二页菜单下按【置零】，在【置零】闪动时再次按下该键。此时目标点1方向值已设置为零。	【置零】 【置零】	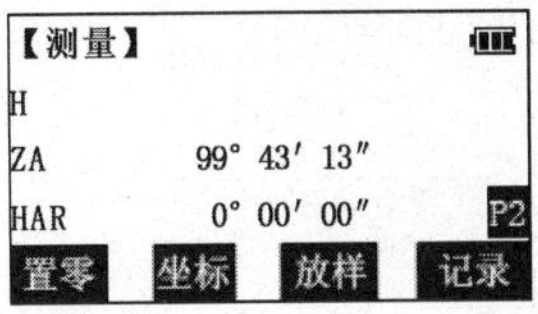
3. 照准目标点2，所显示的“HAR”即为两目标点间的夹角。		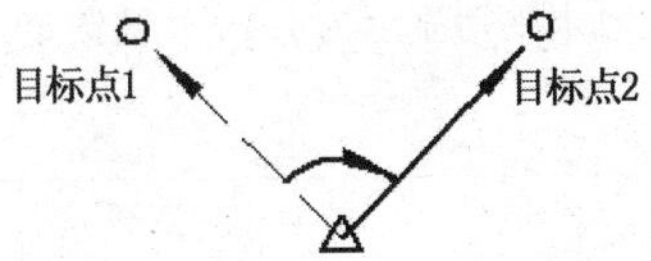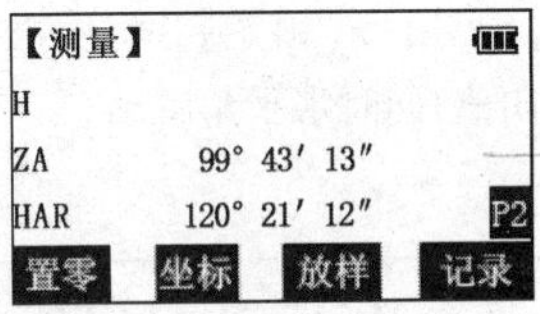

1.6.2 设置水平方向成所需方向值

（1）利用水平角设置功能“置角”，可将照准方向设置为所需值，然后进行角度测量（见表1－4）。

表1－4　　将水平方向设置成所需方向值

操作过程	操作键	显示
1. 照准目标点1，在测量模式第一页菜单下按【置角】。	【置角】	
2. 输入已知方向值后，按【↵】将照准方向设置为所需值。	【↵】	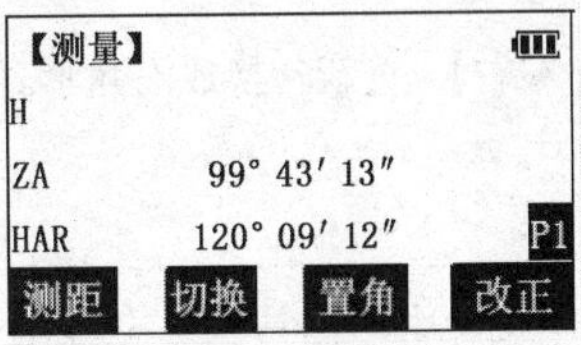
3. 照准目标点2，所显示的“HAR”即为目标点2的方向值，该值与目标1的设置值之差为两目标点间的夹角。		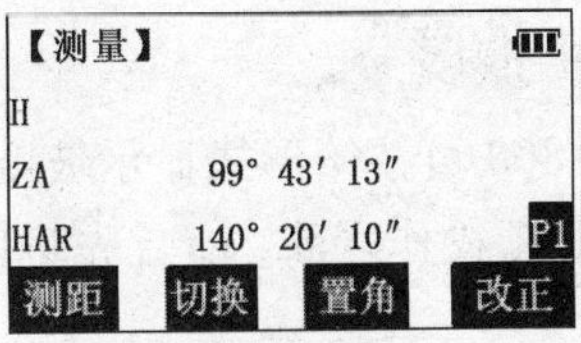

(2)利用水平角锁定功能也可将照准方向设置为所需值。(见表1－5)

进行此项操作之前，应首先将水平角锁定功能【锁定】键定义到测量模式下。

表1－5 水平角锁定

操作过程	操作键	显示
1. 用水平制动钮和微动手轮使显示窗内显示出所需的方向值。		【测量】 H ZA 99° 43′ 13″ HAR 120° 21′ 12″ P1 测距 切换 锁定 改正
2. 按【锁定】，在【锁定】闪动时再次按下该键。此时水平角显示为HAh并被锁定。	【锁定】 【锁定】	【测量】 H ZA 99° 43′ 13″ HAR 120° 21′ 12″ P1 测距 切换 锁定 改正
3. 照准目标点后按【锁定】，将照准方向设为所需方向值,同时水平角解锁。	【锁定】	【测量】 H ZA 99° 43′ 13″ HAR 120° 21′ 12″ P1 测距 切换 锁定 改正

1.6.3 水平方向显示选择

水平角显示具有两种形式供选择，即左角(逆时针角)和右角(顺时针角)，(见表1－6)。

进行此项操作之前，应首先将【左右】键定义到测量模式下。

表1－6 左右角转换

操作过程	操作键	显示
1. 按【左右】,水平角显示由右角(HAR)形式转换成左角(HAL)。	【左右】	【测量】 H ZA 99° 43′ 13″ HAL 239° 38′ 48″ P1 测距 切换 左右 改正
2. 再按【左右】，重新转换成右角形式。	【左右】	【测量】 H ZA 99° 43′ 13″ HAL 120° 21′ 12″ P1 测距 切换 左右 改正
左角与右角的关系为:HAL＝360°－HAR		

1.6.4 坡度

BTS－800可按%形式显示坡度，(操作见表1－7)。

进行此项操作之前，应首先将【A/%】键定义到测量模式下。

表 1－7　　　　　　　　　　　　　　　　坡度测量

操作过程	操作键	显示
1. 按【A/%】，垂直角读数显示由角度转换成%坡度。	【A/%】	【测量】 H ZA　-17.128% HAL　239° 38′ 48″　P1 测距　切换　A/%　改正
2. 再按【A/%】，恢复垂直角显示。	【A/%】	【测量】 H ZA　99° 43′ 13″ HAL　239° 38′ 48″　P1 测距　切换　A/%　改正

1.6.5 水平角重复测量

水平角重复测量可获得更高精度的水平角测量结果。

模拟图如图 1－13 所示，操作过程见表 1－8。

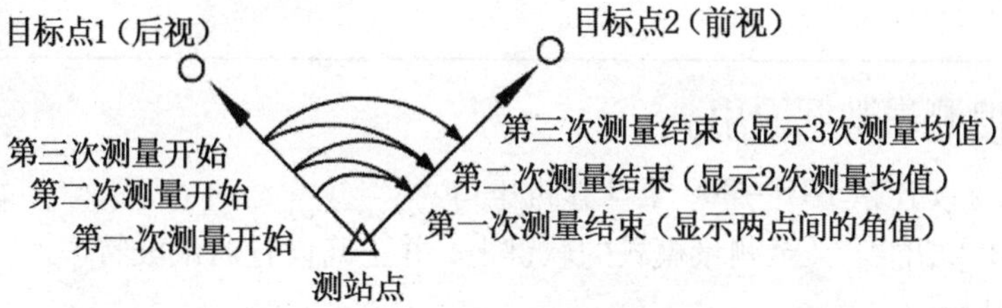

图 1－13 水平角重复观测示意图

表 1－8　　　　　　　　　　　　　　水平角重复观测过程

操作过程	操作键	显示
1. 在测量模式第三页菜单下按【菜单】，上下按动光标操纵键将光标移至“8. 角度复测”。	【菜单】 【▲】 【▼】	【菜单模式】 5. 悬高测量 6. 面积计算 7. 偏心测量 8. 角度复测
2. 按【↵】进入角度复测模式，照准目标点 1 后按【确定】。	【↵】 【确定】	累计：　0° 00′ 00″ 次数：　0 平均：　0° 00′ 00″ 照准目标点1 取消　确定
3. 照准目标点 2 后，按【确定】。	【确定】	角度累计：　30° 00′ 00″ 测角次数：　1 角度平均：　30° 00′ 00″ 照准目标点2 取消　确定

续表

4. 第二次照准目标点 1 后,按【确定】。	【确定】	角度累计: 30° 00′ 00″ 测角次数: 1 角度平均: 30° 00′ 00″ 照准目标点1 取消 确定
5. 第二次照准目标点 2 后,按【确定】,重复测量角度值之和与角度均值分别在“角度累计”和“角度平均”中给出。	【确定】	角度累计: 60° 00′ 02″ 测角次数: 2 角度平均: 30° 00′ 01″ 照准目标点2 取消 确定
6. 重复步骤 4 至 5 继续后面的测量。		
7. 完成测量后按【ESC】结束	【ESC】	
●除了在菜单下进行重复测量外,也可以将【角复】(角度复测)功能定义到测量模式下后选取进行。【角复】功能定义见“23.3 键功能定义”。●按【取消】取消当前测量结果重新测量。●重复测量最大重复次数为 10 次。		

1.6.6 角度测量数据输出

(1)用通讯电缆连接 BTS－800 至计算机串口。

(2)将【输出】功能定义至测量模式的软键上，并正确设置通讯波特率。

(3)照准目标点。

(4)按【输出】将当前角度观测值向计算机输出。

1.7 距离测量

1.7.1 距离测量设置

进行距离测量前应首先完成以下设置：

●气象改正

●棱镜常数

●测距模式

(1)气象改正值

在进行高精度距离测量时，应使用精确的量测设备测定温度和气压值，以对测量结果施加气象改正。

BTS 电子全站仪通过发射光束进行距离测量，光束在大气中的传播速度会因大气折射率不同而变化，而大气折射率与大气的温度和气压有密切的关系。在通常的温度和气压环境下，当气压保持不变，而温度变化 1℃；或者当温度保持不变，而气压变 3.6ha，都将引起所测距离 1mm 的变化，即每公里变化 1mm(1ppm)。因此，为了精确计算出气象改正数，需要求取光束传播路径上的气温和气压平均值。在山区测量作业时尤其要注意，不同高程的点上其气象条件会有差异。

●仪器是按温度为15℃、气压为1013hPa时，气象改正数为“0”设计的。

●仪器可根据输入的温度和气压值计算出相应的气象改正数并存储在内存中，计算公式如下：

$$ppm = 278.96 - \frac{0.2904 \times 气压值(hPa)}{1 + 0.003661 \times 温度值(℃)}$$

●不需进行气象改正时，请将ppm值设为零。

●气象改正还可以从气象改正表中查取改正数ppm值后直接输入来进行。

(2)棱镜常数改正

不同棱镜具有不同的棱镜常数改正值，测量前应将所用棱镜的常数改正值设置好。本仪器出厂前，棱镜常数设置为“0”

(3)距离测量模式(操作见表1-9)

可选择如下几种距离测量模式

●单次精测

●重复精测

●精测均值

●单次快测

●重复快测

●跟踪测量

表1-9　　距离测量模式

操作过程	操作键	显示
1. 测量模式第1页菜单。		【测量】 H ZA　99° 43′ 13″ HAR　120° 21′ 12″　P1 测距　切换　左右　改正
2. 按【改正】进入测距参数设置。	【改正】	【测距条件设置】 测距模式　单次精测 折光改正　无 棱镜常数　0　P1 确定
3. 按【◂】、【▸】设置测距模式为重复快测。	【◂】 【▸】	【测距条件设置】 测距模式　重复快测 折光改正　无 棱镜常数　0　P1 确定
4. 按【▴】、【▾】或直接按【PAGE】至测距参数设置第二页温度输入行，输入温度为25度。	【▴】 【▾】	【测距条件设置】 温度<°C>　25 气压<hPa>　1013 改正值<PPM>　0　P2 0PPM　确定

续表

5. 按【▲】、【▼】移动光标至气压输入行，此时仪器自动显示：大气改正值为9PPM。	【▲】 【▼】	【测量条件设置】 温度<°C>　25 气压<hPa>　1013 改正值<PPM>　9　P2 OPPM　确定
6. 按【确定】接受测距参数设置，退出至测量模式第一页。	【确定】	【测量】 H ZA　99° 43′ 13″ HAR　120° 21′ 12″　P1 测距　切换　左右　改正
●直接输入大气改正值，此时显示的温度、气压值将被清除。 ●按【OPPM】，将大气改正值设为OPPM（即不进行大气改正），同时将温度置为15°，气压置为1013hPa。 ●折光改正：即地球曲率及大气折光改正，可选项为：无、0.14、0.20。当在长距离高精度测量平距及高差时，需顾及此项改正。		

1.7.2 回光信号检测

●回光信号检测功能用于检查经棱镜反射回来的光信号强度是否足以进行距离测量，这对远距离测量尤为适用，（如表1－10所示）。

●在短距离测量时，即使照准稍稍偏离棱镜中心，返回的光信号也足够强并显示“＊”号，但这种情况下的测距结果精度难以保证，因此测量时必须精确照准棱镜中心。

●回光信号检测除了仪器处于星键功能界面外，可在任何情况下进行。

表1－10　　回光信号检测

操作过程	操作键	显示
1. 按【SFT】再按【－】，进入回光检测。返回信号强弱由右图所示的计量条表示。 ●计量条中的黑色部分越长表示返回信息越强。 ●显示“＊”号表示返回信号足以测距。 ●无“＊”信号显示，表示返回信号不足以测距，需重新照准目标，或重新设站。 ●当检测到目标返回信号时，仪器发出蜂鸣声，按【声关】可关闭蜂鸣器，开启蜂鸣器按【声开】。	【SFT】 【－】	【瞄准】 ＊　回光信号 声关
2. 按【ESC】结束回光信号检测返回前一状态。	【ESC】	

1.7.3 距离和角度测量

仪器可同时对距离和角度进行测量，（操作过程见表1－11）。

表 1－11　　同时观测距离和角度

操作过程	操作键	显示
1. 找准目标。 ●对不易照准目标可按【ESC】、【－】借助回光信号精确照准目标。		
2. 在测量模式第一页菜单下按【测距】开始距离测量。 测距开始后，仪器闪动显示测距模式，棱镜常数改正值 PC，气象改正值 PPM 等信息。	【测距】	【测距】 测距 pc = 0 ppm = 0 模式：重复精测 停止
3. 距离测量完成时，仪器发出一声短声响后屏幕上显示出距离“H”，垂直角“ZA”和水平角“HAR”的测量值，并不断重复测量，更新测量结果。 按【停止】，停止重复测距，返回至测量模式下。	【停止】	【测距】 H 265.437m * ZA 99° 43′ 13″ HAR 120° 21′ 12″ 停止
4. 测量模式下显示出最新距离测量结果		【测量】 H 265.437m ZA 99° 43′ 13″ HAR 120° 21′ 12″ P1 测距 切换 置角 改正
5. 按【切换】可使距离值的显示在同时显示斜距“S”、平距“H”及高差“V”与单一显示之间转换。	【切换】	【测量】 S 269.303m H 265.437m V －45.469m P1 测距 切换 置角 改正
●若将测距模式设置为单次测量，则每次测距完成后测量自动停止。 ●若将测距模式后设置为精测均值，则显示的距离值为 H_1，H_2…，H_9，测量完成后在 H 行上显示距离的平均值。		

距离测量数据输出

(1)用通讯电缆连接 BTS－800 及计算机串口。

(2)将【输出】功能定义至测量模式的软键上(参见“1.9.3 键功能定义”)，并正确设置通讯波特率(参见“1.9.2 仪器设置”)。

(3)照准目标点。

(4)按【输出】将距离角度观测值向计算机输出。

1.8　坐标测量

在输入测站点坐标、仪器高、目标高和后视方位角后，用坐标测量功能可以测定目标点的三维坐标。(如图 1－14)

坐标测量前应首先进行电子测距的有关设置(参阅距离测量设置)。

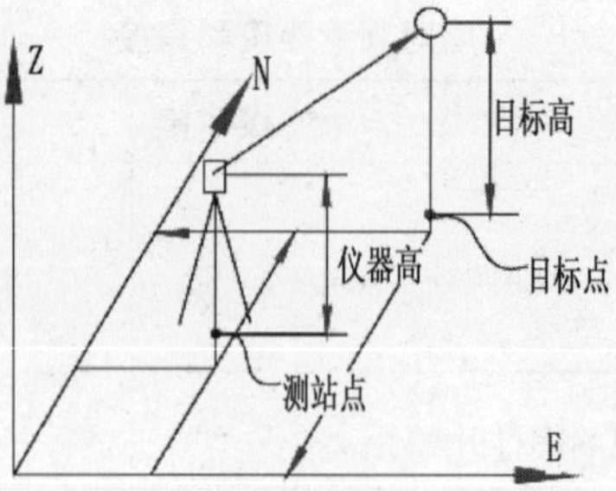

图 1－14 三维坐标测量

1.8.1 输入测站坐标

(1)键盘输入测站数据(见表 1－12)

表 1－12 输入测站数据

操作过程	操作键	显示
1. 在测量模式第二页菜单下按【坐标】进入坐标测量菜单屏幕。 ●也可在菜单模式下选取“1. 坐标测量”完成同样功能。	【坐标】	【坐标测量】 1. 坐标测量 2. 测站设置 3. 置方位角 4. 仪器棱镜高
2. 选取“2. 测站设置”后按【↵】确认，进入测站坐标输入屏，输入测站坐标。 ●若需调动仪器内存中已知坐标数据，按【查找】。 ●存储测站数据按【记录】。参见“在记录模式下进行数据记录”。	【▲】 【▼】 【↵】	【测站设置】 N0 <m>: 0.000 E0 <m>: 0.000 Z0 <m>: 0.000 查找 记录 确定
3. 按【确定】确认输入的测站坐标值，并返回上级菜单。	【确定】	【坐标测量】 1. 坐标测量 2. 测站设置 3. 置方位角 4. 仪器棱镜高

(2)调用内存中已知坐标数据

若希望使用预先存入的坐标数据作为测站点的数据，可在测站数据输入屏下按【查找】读取所需的坐标数据。(见表 1－13)

读取的既可以是内存已知点中的坐标数据，也可以是所选定的工作文件中的坐标数据及内存任意文件中的坐标数据。

表 1－13　　调用内存中坐标

操作过程	操作键	显示
1. 在输入测站数据时按【查找】，屏幕上显示出当前内存中用于读取坐标数据的文件、按【文件】可重新选择坐标数据文件。	【文件】	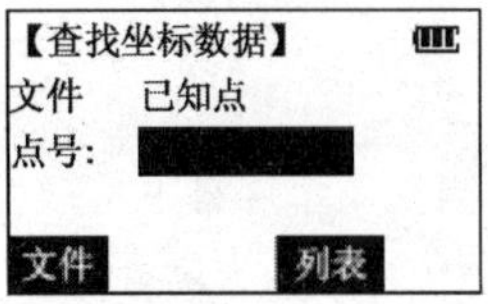
2. 按【▲】、【▼】可使光标上下移动选取测站数据所在的位置（已知点、当前文件或选取内存中其他文件），按【↵】。例如：选择"当前文件"。	【▲】 【▼】 【↵】	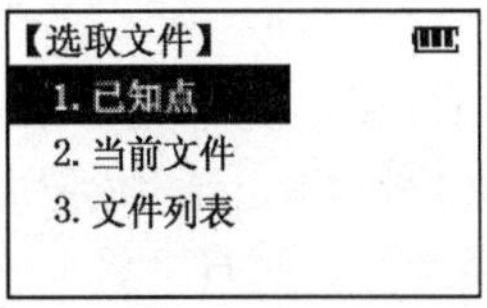
3. 输入已知坐标数据的点号，按【↵】 也可按【列表】，对文件中的坐标数据记录列表，选取需要的坐标数据。	【↵】	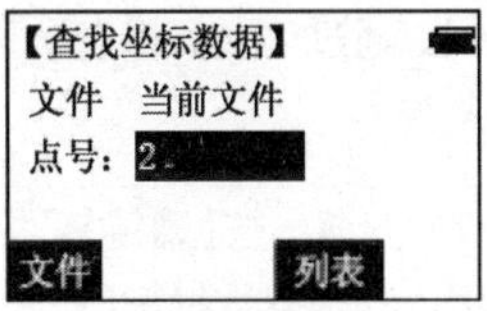
4. 仪器显示从当前文件中查找到坐标数据。 按【确定】将该数据设置为仪器测站点坐标，并返回坐标测量菜单。	【确定】	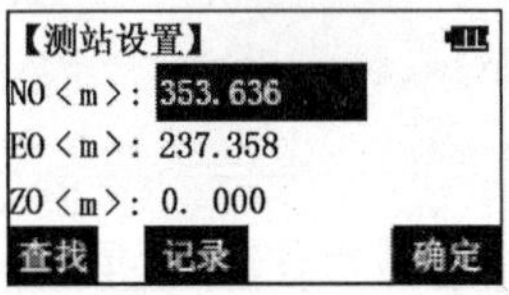
数据列表时： ●按【▲】或【▼】光标按行移动。 ●按【切换】屏幕显示""光标按页移动。 按【第一】光标移动至数据列表开始处，按【最后】光标移动至数据列表结束处。 ●按【查找】输入点号查阅数据。		

1.8.2 后视方位角设置

在输入测站点和后视点的坐标后，便可计算并设置后视点方向的方位角。

示意如图 1－15 所示，操作过程见表 1－14。

照准后视点，通过按键操作，仪器便根据测站点和后视点的坐标，自动完成后视方位角的设置。

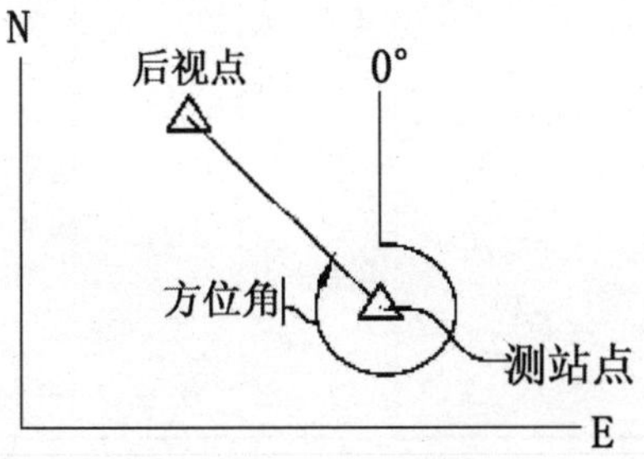

图 1－15　后视方位角设置示意图

表 1－14　　后视方位角设置

操作过程	操作键	显示
1. 在坐标测量菜单屏幕下选取“3. 置方位角”后按【↵】，进入方位角设置。	【↵】	【坐标测量】 1. 坐标测量 2. 测站设置 3. 置方位角 4. 仪器棱镜高
2. 此时可直接输入后视点的方位角，并照准后视点，按【↵】确定后完成定向，并返回坐标测量菜单，参见“11.2 将水平方向设置成所需方向值” ●按【定向】，通过输入后视点坐标，计算并设置方位角。	【定向】	【置方位角】 HAR: 定向
3. 输入后视点坐标，按【确定】。 ●如需调用内存坐标数据按【查找】。（参阅 13.1.2 调用内存中已知坐标数据）。 ●按【测站】输入测站坐标，参阅“13.1 输入测站数据”	【确定】	【置角/输入后视点】 N<m>: 248.695 E<m>: 176.254 Z<m>: 查找 测站 确定
4. 仪器自动计算出后视方位角，并提示照准后视点。 照准后视点后，按【确定】，设置方位角完毕，返回坐标测量菜单。	【确定】	【置水平角】 方位角: 99° 43′ 13″ 照准后视点? 取消 确定

1.8.3 输入棱镜高及仪器高

如要测定目标的 Z 坐标，还需要量取棱镜高及仪器高，输入仪器中，（见表 1－15）。

表 1－15　　仪器高和棱镜高设置

操作过程	操作键	显示
1. 在坐标测量菜单中选取“4. 仪器棱镜高”后按【↵】。 ●在测量模式第三页下，按【高程】可完成同样功能。	【▲】 【▼】 【↵】	【坐标测量】 1. 坐标测量 2. 测站设置 3. 置方位角 4. 仪器棱镜高
2. 输入棱镜高和仪器高，按【确定】，返回坐标测量菜单。	【确定】	【仪器及棱镜高】 棱镜高<m>: 1.50 仪器高<m>: 1.35 确定

1.8.4 三维坐标测量

在测站及其后视方位角设置完成后便可测定目标点的三维坐标。坐标示意图如图1－16所示，操作过程如表1－16。

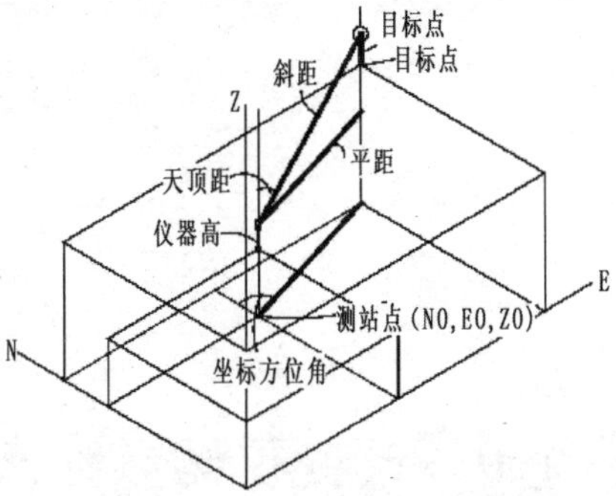

图1－16　三维坐标参数示意图

表1－16　三维坐标测量

操作过程	操作键	显示
1. 照准目标点上的棱镜，在坐标测量菜单屏幕下选取“1. 坐标测量”后按【↵】，开始坐标测量。	【↵】	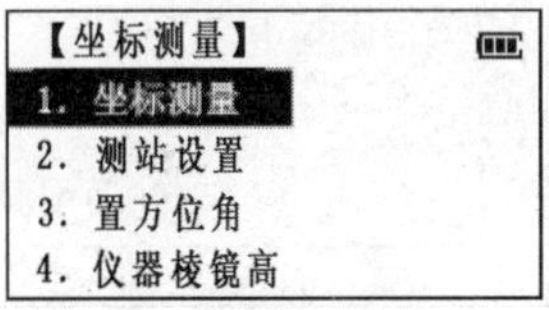
2. 测量完成，屏幕上显示出所测目标点的坐标值。 ●当待测观测目标点的目标高不同时，开始观测前先按【高程】将目标高输入（参阅：“13.3 输入棱镜高及仪器高”）。 ●按【记录】可记录该测量结果（参阅“22. 在记录模式下进行数据记录”）。 ●按【改正】可更改测距条件设置（参阅“12.1 距离测量设置”）		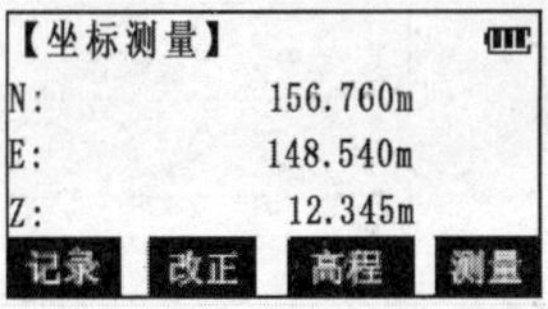
3. 照准下一目标点后按【测量】开始测量。用同样的方法对所有目标点进行测量。	【测量】	
4. 按【ESC】结束坐标测量返回坐标测量菜单屏幕。	【ESC】	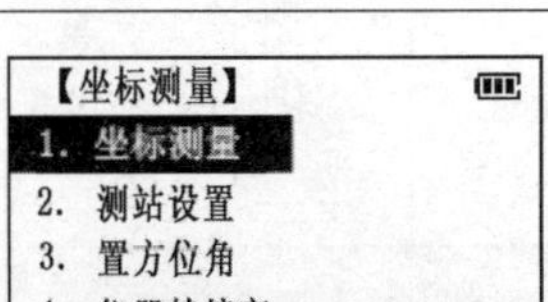

目标点三维坐标计算公式：

$N1 = N0 + S \times \sin Z \times \cos Az$

$E1 = E0 + S \times \sin Z \times \sin Az$

$Z1 = Z0 + S \times \cos Z + ih - fh$

式中：N0:测站点 N 坐标

S:斜距

ih:仪器高

E0:测站点 E 坐标

Z:天顶距

fh:目标高

Z0:测站点 Z 坐标

Az:坐标方位角

1.9 改变仪器参数

本章介绍在设置模式下如何设置仪器参数，这些参数一旦设置，将被保存到再次改变为止。

1.9.1 观测条件设置

表 1－17 给出的是“观测条件”需设置的仪器参数及选择项，注有“＊”号为出厂时的设置值。

表 1－17　“观测条件”需设置的仪器参数及选择项

参数	选择项	说　明
垂直角显示	＊天顶 0	选择垂直角观测时读数的方向是从天顶方向（0～360°），还是从水平方向开始（0～±90°）。
	水平 0	
倾斜改正	＊关	选择仪器倾斜（3′以内）时，是否要对垂直角读数进行改正。
	开	
视准差改正	＊关	选择是否要对水平角读数进行视准轴误差改正。
	开	
角度读数	＊1″	选择最小角度读数。
	5″	
	10″	
测距显示	＊平距 H	设置在测量模式下优先显示的距离值。
	斜距 S	
	高差 V	

操作过程如表 1－18 所示。

表 1 - 18 **观测条件设置**

操作过程	操作键	显 示
1. 在测量模式下按【ESC】进入状态屏幕。	【ESC】	BTS800 全站仪 Ver 2.25 NO. 000001 测量 内存 设置
2. 按【设置】进入设置模式	【设置】	【设置】 1. 观测条件 2. 仪器设置 3. 功能定制 4. 单位设置
3. 选取“1. 观测条件”后按【↵】进入观测条件设置操作。	【↵】	垂直角显示 *天顶0 倾斜改正 *关 视准差改正 *关 角度读数 *1″ 测距显示 *平距 H
4. 按【▲】、【▼】可使光标上下移动选择设置参数项，按【◀】、【▶】可改变光标所在项参数设置。 例：将垂直角显示改为“水平 0”，测距显示改为“斜距 S”。	【▲】 【▼】 【◀】 【▶】	垂直角显示 水平0 倾斜改正 *关 视准差改正 *关 角度读数 *1″ 测距显示 斜距 S
5. 按【↵】接受设置更改并返回设置模式菜单屏幕。	【↵】	【设置】 1. 观测条件 2. 仪器设置 3. 功能定制 4. 单位设置

1.9.2 仪器设置

表 1 - 19 给出的是“仪器设置”需设置的参数及选择项、注有“＊”号为出厂时的设置值。

表 1 - 19 **“仪器设置”需设置的参数及选择项**

参数	选择项	说 明
自动关机	＊关	选择仪器在 20 分钟无键操作时是否自动关机。
	20′	
测距待机	关	设置测距机是否要预先开启及自动关闭时间，以缩短获得第一次测距结果的等待时间。
	＊2′	
	5′	
通讯设置	1200	选择仪器在测量模式下输出测量数据及内存模式下数据下载上转的通讯波特率。 ●此项设置不影响双向通讯模式下的通讯设置。
	2400	
	4800	
	＊9600	
	19200	

操作过程如表 1－20 所示。

表 1－20 仪器设置

操作过程	操作键	显示
1. 在设置模式下选取“2. 仪器设置”进入仪器设置相关选项屏。	【▲】 【▼】 【↵】	自动关机 *无 测距待机 2′ 通讯设置 *9600
2. 按【▲】、【▼】可使光标上下移动设置项目，按【◀】、【▶】可改变光标所在项的参数设置。	【▲】 【▼】 【◀】 【▶】	自动关机 20′ 测距待机 关 通讯设置 1200
3. 仪器设置完成后，按【↵】返回设置模式菜单屏。	【↵】	【设置】 1. 观测条件 2. 仪器设置 3. 功能定制 4. 单位设置

1.9.3 键功能定义

本仪器允许用户根据所进行的测量工作，对测量模式下的键功能进行定义。所定义的键位将被永久保存至再次被改变为止。内部存储器为用户提供三个寄存位置。即用户定义键位 1 至 3。经寄存的用户定义键位可随时恢复。

仪器这种由用户针对不同的测量工作，自由地定义键功能位置的特点，无疑将大大地方便用户，提高测量工作效率。

在状态屏幕下按【设置】进入设置模式屏幕。选取“3. 功能定制”或直接按【3】进入键功能定义菜单屏幕。在键功能定义模式下可进行下列操作：

键功能定义

键功能保存

键功能恢复

当用户将所定义的功能键位进行寄存时，原寄存位置中的内容将被清除。而当恢复寄存的功能键位时，原软键上定义的功能键位将被寄存的键位取代。

(1) 键功能定义

仪器出厂时，测量模式下各页菜单功能键位定义如下：

第一页菜单【测距】【切换】【置角】【改正】

第二页菜单【置零】【坐标】【放样】【记录】

第三页菜单【对边】【后交】【菜单】【高程】

下列功能可以定义到测量模式的任一页软键上：

【测距】:距离测量

【切换】:测距结果显示方式切换

【置角】:水平角设置

【改正】:测距参数设置

【置零】:水平角置零

【坐标】:坐标测量

【放样】:放样测量

【记录】:进入记录模式

【对边】:对边测量

【后交】:后方交会测量

【菜单】:进入常用程序菜单(可进行坐标测量、放样测量、后方交会测量、对边测量、悬高测量、面积计算、偏心测量、角度复测、直线放样等)

【高程】仪器高和棱镜高设置

【锁定】水平角锁定和解锁

【左右】左/右水平角选择

【角复】水平角重复平均测量

【A/%】%坡度显示选择

【查阅】查阅当前工作文件

【偏心】偏心测量

【FT/M】测距单位选择(英尺或米)

【输出】将观测值实时从数据通讯口输出

【悬高】悬高测量

【面积】面积测量与计算

【通讯】进入双向通讯模式，全站仪与计算机通讯，由计算机编程控制仪器完成测量功能

【直线】直线放样测量

用户可以自由地将上述功能定义到12个软键上，这些定义的功能将保存直至被重新定义为止。如表1－21所示

表1－21　　键功能定义

操作过程	操作键	显示
1. 设置模式下选取“3. 功能定制”后按【↵】进入键功能定义菜单屏幕。	【↵】	【功能定制】 1. 键功能定义 2. 键功能保存 3. 键功能恢复
2. 选取“1. 键功能定义”后按【↵】进入键功能定义屏幕。 屏幕显示测量模式当前键位功能定义。光标闪烁指示待更改定义的键位。	【↵】	【键功能定义】 测距 ⇕ 切换　置角　改正 置零　坐标　放样　记录 对边　后交　菜单　高程

续表

3. 按【◂】或【▸】将光标移至待定义新功能的键位上。	【◂】 【▸】	【键功能定义】 测距 切换 置角 改正 置零 坐标 放样 记录 对边 后交 ⬍菜单 高程
4. 按【▴】或【▾】将欲更换的功能定义到该键位上。	【▴】 【▾】	【键功能定义】 测距 切换 置角 改正 置零 坐标 放样 记录 对边 悬高 ⬍菜单 高程
5. 重复第3至第4步完成全部键功能的定义更换。		
6. 按【↵】结束键功能定义并返回功能定制菜单屏幕。	【↵】	【功能定制】 1. 键功能定义 2. 键功能保存 3. 键功能恢复

(2)键功能保存

定义后的键功能位置可以寄存于用户定义键位1至3中。出厂时设置的或用户定义并寄存的键功能位置可以通过操作进行恢复，操作见表1－22。

表1－22　键功能保存

操作过程	操作键	显示
1. 在“功能定制”菜单中选取“2. 键功能保存”，按【↵】进入键功能保存屏幕。	【▴】 【▾】 【↵】	【键功能保存】 1. 键定义 1 2. 键定义 2 3. 键定义 3
2. 选取“1. 键定义1”至“3. 键定义3”中的一项后按【↵】指定保存位置。	【▴】 【▾】 【↵】	【键功能保存】 保存为键定义1？ 取消 确定
3. 按【确定】将当前键功能排列方案保存，并返回键功能定义菜单屏幕。	【确定】	【键功能保存】 1. 键定义 1 2. 键定义 2 3. 键定义 3

(3)键功能恢复

内部存储器中所保存的用户定义和出厂默认键位功能可根据需要随时恢复，当恢复保存的键位功能时，原键位上的功能将被清除，操作见表1－23。

表 1－23 键功能恢复

操作过程	操作键	显示
1. 在“功能定制”菜单中选取“2. 键功能恢复”，按【↵】进入键功能恢复屏幕。	【▲】 【▼】 【↵】	【键功能恢复】 1. 键定义 1 2. 键定义 2 3. 键定义 3 4. 工厂设置
2. 选取欲恢复键功能（“1. 键定义 1”至“4. 工厂设置”中的一项）后按【↵】进行键功能恢复，并返回键功能定义菜单屏幕	【↵】	【功能定制】 1. 键功能定义 2. 键功能保存 3. 键功能恢复

1.9.4 单位设置

注有“＊”号为出厂时的设置值，操作见表 1－24。

表 1－24 单位设置

操作过程	操作键	显示
1. 设置模式菜单选取“4. 菜单设置”进入单位设置选项屏。	【▲】 【▼】 【↵】	角度单位 *deg 测距单位 *m 温度单位 *℃ 气压单位 *hPa
2. 按【▲】、【▼】可使光标上下移动选择设置项目，按【◀】、【▶】可改变光标所项参数设置。 ●角度单位：＊deg、gon、mil ●测距单位：＊m、ft ●温度单位：＊°C、°F、 ●气压单位：＊hPa、mmHg、inHg	【▲】 【▼】 【◀】 【▶】	角度单位 *deg 测距单位 *m 温度单位 *℃ 气压单位 mmHg
3. 单位设置完成后，按【↵】接受改变返回设置模式。	【↵】	【设置】 1. 观测条件 2. 仪器设置 3. 功能定制 4. 单位设置

1.10 复习思考题

(1) 全站仪主要由哪些部件组成？

(2) 全站仪如何进入参数设置？有何设置内容？

(3) 全站仪有几种测量模式？各有何功能？

(4) 全站仪对边测量的功能是什么？在施工测量中有何用途？

(5)按【放样】键，调用一个放样坐标文件后进入放样模式时，应先设置测站点与后视点才可以开始放样测量，当测站点、后视点与放样点分别位于不同坐标文件中时，应如何进行操作？

学习情境 2　初识 CASS7.0

【技能目标】

能熟练操作 CASS7.0 软件，掌握 CASS7.0 的工作方法，使用 CASS7.0 能够绘制符合地形测量规范的地形图。

【知识目标】

掌握 CASS7.0 软件的产生与发展，复习与巩固地形图相关知识。

【内容简介】

本学习情境将通过一个简单完整的实例，让同学们轻轻松松的进入 CASS 的大门。

【学习重点】

CASS7.0 安装之后，如何使用 CASS7.0 做一幅简单的地形图。

【操作注意事项】

(1) CASS7.0 成图模式有多种，这里主要介绍〖点号定位〗的成图模式。图 2-1 例图的路径为 C:\cass70\demo\study.dwg(以默认安装在 C:盘为例)。初学者可依照下面的步骤来练习，可以在短时间内学会使用 CASS7.0 绘制地形图。

(2) 千万别忘了存盘(其实在操作过程中也要不断地进行存盘，以防操作不慎导致丢失)。正式工作时，最好不要把数据文件或图形保存在 CASS70 或其子目录下，应该创建工作目录。比如在 C 盘根目录下创建 DATA 目录存放数据文件，在 C 盘根目录下创建 DWG 目录存放图形文件。

(3) 在执行各项命令时，每一步都要注意看下面命令区的提示，当出现〖Command:〗提示时，要求输入新的命令，出现〖Select objects:〗提示时，要求选择对象，等等。当一个命令没执行完时最好不要执行另一个命令，若要强行终止，可按键盘左上角的〖Esc〗键或按〖Ctrl〗的同时按下〖C〗键，直到出现〖Command:〗提示为止。

(4) 有些命令有多种执行途径，可根据自己的喜好灵活选用快捷工具按钮、下拉菜单或在命令区输入命令。

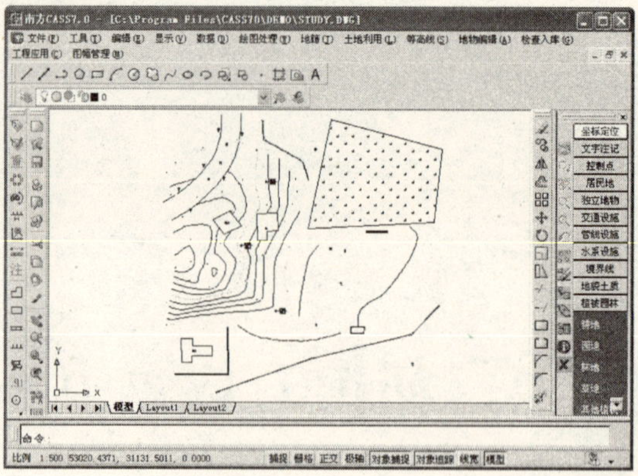

图 2－1 例图 study. dwg

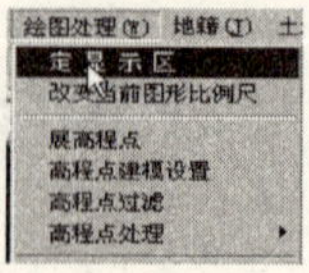

图 2－2〖定显示区〗菜单

2.1 定显示区

定显示区就是通过坐标数据文件中的最大、最小坐标定出屏幕窗口的显示范围。

进入 CASS7.0 主界面，单击〖绘图处理〗菜单，即出现如图 2－2 下拉菜单。然后移至〖定显示区〗项，使之以高亮显示，按左键，即出现一个如图 2－3 所示的对话窗。这时，需要输入坐标数据文件名。可参考 WINDOWS 选择打开文件的方法操作，也可直接通过键盘输入，在〖文件名(N)：〗(即光标闪烁处)输入 C：\CASS50DEMO\STUDY. DAT，再移动鼠标至〖打开(O)〗处，按左键。这时，命令区显示：

最小坐标(米)：X＝31056.221，Y＝53097.691

最大坐标(米)：X＝31237.455，Y＝53286.090

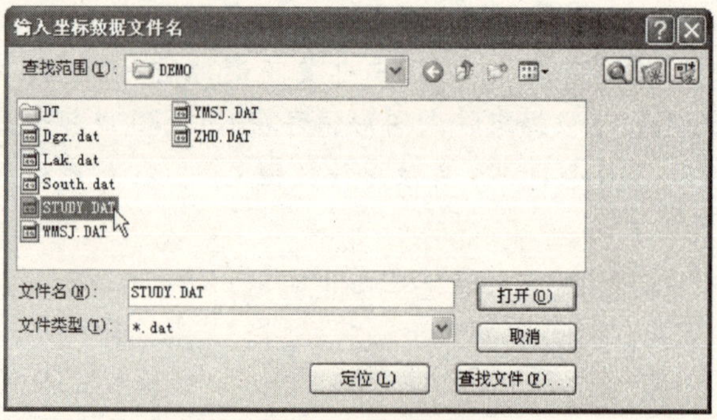

图 2－3 选择〖定显示区〗数据文件

2.2 展点

先移动鼠标至屏幕的顶部菜单〖绘图处理〗项按左键，这时系统弹出一个下拉菜单。再移动鼠标选择〖绘图处理〗下的〖展野外测点点号〗项，如图 2－4 所示，按左键后，在命令行出现提示：

绘图比例尺 1：<500>

输入绘图比例尺分母，确定后便出现如图 2 -3 所示的对话框。在对话框中选择 STUDY. DAT 文件，或在文件名区域内输入对应的坐标数据文件名 C:\CASS70\DEMO\STUDY. DAT 后，或通过文件夹操作找到想要坐标数据文件，单击〖打开〗，便可在屏幕上展出野外测点的点号，如图 2 -5 所示。

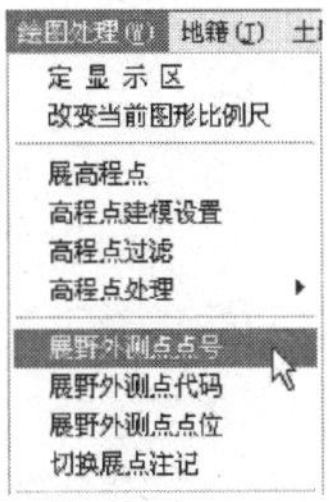

图 2 -4 选择〖展野外测点点号〗

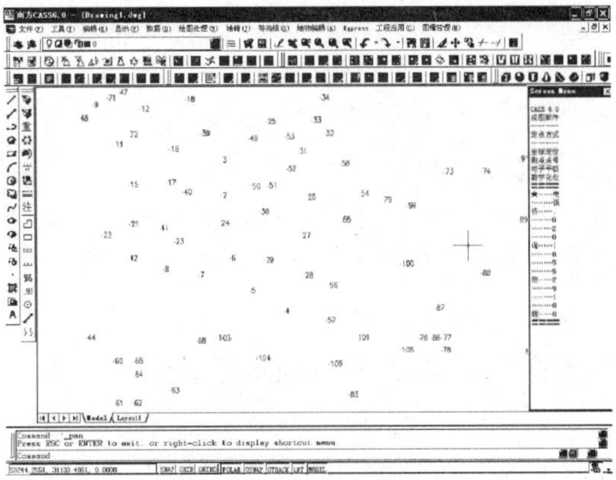

图 2 -5 STUDY. DAT 展点图

2.3　绘平面图

下面按 cass 系统默认的绘图方式进行平面图绘制。

2.3.1 绘制公路

灵活使用工具栏中的缩放工具进行局部放大以方便绘图。我们先把左上角放大，选择右侧屏幕菜单的〖交通设施〗按钮，弹出如图 2 -6 所示界面。

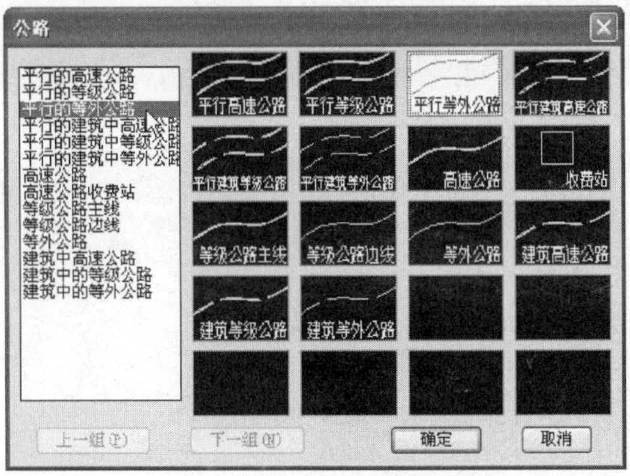

图 2 -6　选择屏幕菜单〖交通设施/公路〗

通过〖上下〗按钮找到〖平行等外公路〗并选中或在样例窗口中选中，再点击〖确定〗按钮，根据命令行提示依次单击第 92、45、46、13、47、48 点；命令区提示：

第一点：<跟踪 T/区间跟踪 N>　　　　捕捉第 92 点。

曲线 Q/边长交会 B/跟踪 T/区间跟踪 N/垂直距离 Z/平行线 X/两边距离 L/<指定点> pline

指定起点：

当前线宽为 0.1000

指定下一个点或［圆弧(A)/半宽(H)/长度(L)/放弃(U)/宽度(W)］：

指定下一点或［圆弧(A)/闭合(C)/半宽(H)/长度(L)/放弃(U)/宽度(W)］：

命令：

曲线 Q/边长交会 B/跟踪 T/区间跟踪 N/垂直距离 Z/平行线 X/两边距离 L/隔一点 J/微导线 A/延伸

E/插点 I/回退 U/换向 H < 指定点 >　　　　捕捉第 45 点。

曲线 Q/边长交会 B/跟踪 T/区间跟踪 N/垂直距离 Z/平行线 X/两边距离 L/闭合 C/隔一闭合 G/隔一

点 J/微导线 A/延伸 E/插点 I/回退 U/换向 H < 指定点 >　　　　捕捉第 46 点。

曲线 Q/边长交会 B/跟踪 T/区间跟踪 N/垂直距离 Z/平行线 X/两边距离 L/闭合 C/隔一闭合 G/隔一

点 J/微导线 A/延伸 E/插点 I/回退 U/换向 H < 指定点 >　　　　捕捉第 13 点。

曲线 Q/边长交会 B/跟踪 T/区间跟踪 N/垂直距离 Z/平行线 X/两边距离 L/闭合 C/隔一闭合 G/隔一

点 J/微导线 A/延伸 E/插点 I/回退 U/换向 H < 指定点 >　　　　捕捉第 47 点。

曲线 Q/边长交会 B/跟踪 T/区间跟踪 N/垂直距离 Z/平行线 X/两边距离 L/闭合 C/隔一闭合 G/隔一

点 J/微导线 A/延伸 E/插点 I/回退 U/换向 H < 指定点 >　　　　捕捉第 48 点。

根据提示行，输入画线的方式，即拟合还是不拟合。输入 y 后，确定，表示拟合。命令显示：

拟合线 < N > ? y

根据提示行，选择绘制公路方式，直接确定表示按默认的边点式绘制。命令显示：

1. 边点式/2. 边宽式/(按 ESC 键退出)：< 1 >

对面一点：offset　　　　捕捉第 19 点。

这时平行等外公路就作好了。如图 2－7。

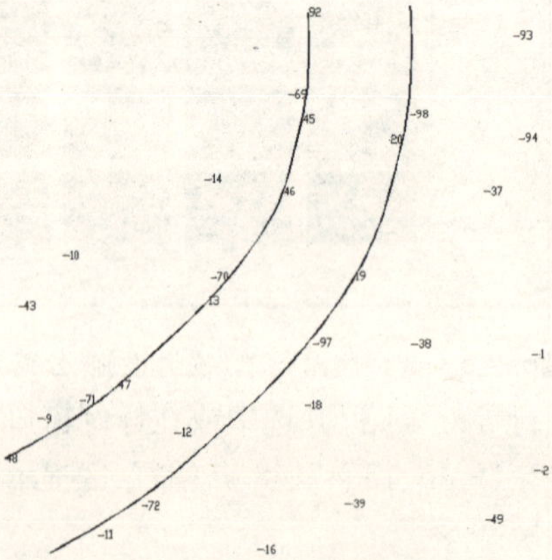

图 2－7　作好一条平行等外公路

2.3.2 绘制多点房屋

选择右侧屏幕菜单的〖居民地〗选项，弹出如图 2－8 界面。

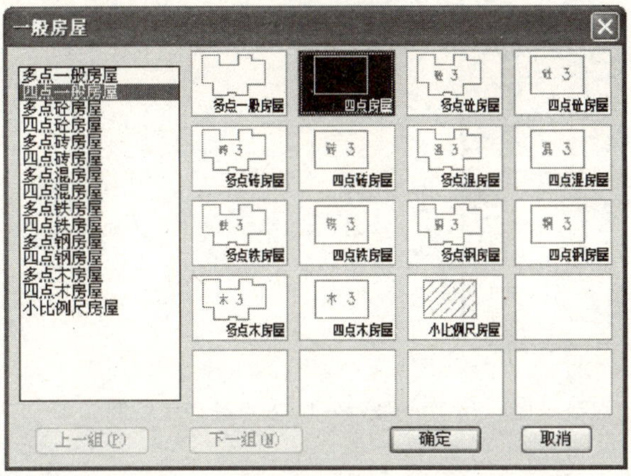

图 2－8 选择屏幕菜单〖居民地/一般房屋〗

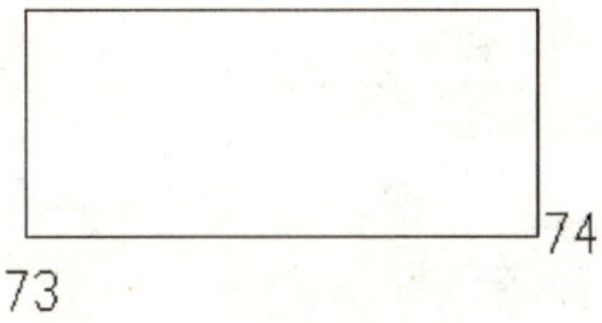

图 2－9 四点房屋

先用鼠标左键选择〖四点一般房屋〗，再点击〖确定〗按钮。命令区提示：

命令：

1. 已知三点/2. 已知两点及宽度/3. 已知四点 <1> :2 输入 2，确定，表示按第 2 种方式绘制四点房屋。

第一点：　　　　捕捉第 73 点。

第二点：　　　　捕捉第 74 点。

输入宽度 <米，左 +/右 - > :6　　　　输入房屋宽度。

LAYER

当前图层：JMD

输入选项

[？/生成(M)/设置(S)/新建(N)/开(ON)/关(OFF)/颜色(C)/线型(L)/线宽(LW)/打印(P)/冻结(F)/解冻(T)/锁定(LO)/解锁(U)/状态(A)]：s

输入要置为当前的图层名或 <选择对象> : 0 输入选项

[？/生成(M)/设置(S)/新建(N)/开(ON)/关(OFF)/颜色(C)/线型(L)/线宽(LW)/打印(P)/冻结(F)/解冻(T)/锁定(LO)/解锁(U)/状态(A)]：

命令：

绘制结果如图 2－9 所示。

2)绘制多点砼房屋(方式 1)

先用鼠标左键选择〖多点砼房屋〗，再点击〖确定〗按钮，弹出如图 2－10 界面。

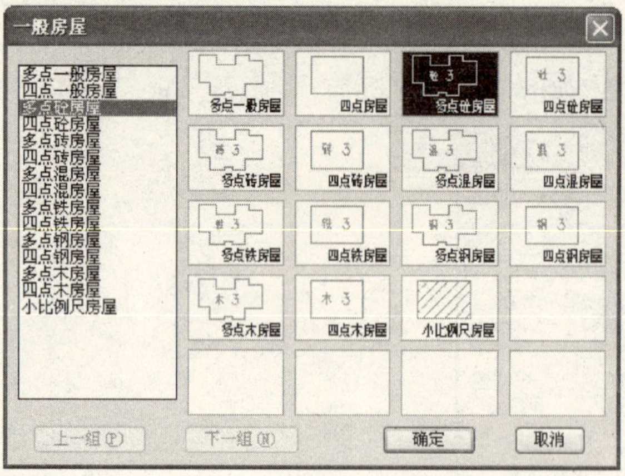

图 2－10 选择屏幕菜单〖居民地/多点砼房屋〗

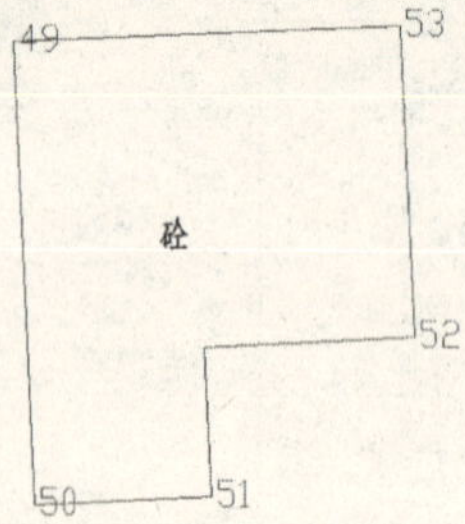

图 2－11 多点砼房屋绘制结果

命令区提示：

命令：

第一点：< 跟踪 T/区间跟踪 N >　　　　捕捉第 49 点。

曲线 Q/边长交会 B/跟踪 T/区间跟踪 N/垂直距离 Z/平行线 X/两边距离 L/ < 指定点 > pline

指定起点：

当前线宽为 0.0000

指定下一个点或［圆弧(A)/半宽(H)/长度(L)/放弃(U)/宽度(W)］：

捕捉第 50 点。

指定下一点或［圆弧(A)/闭合(C)/半宽(H)/长度(L)/放弃(U)/宽度(W)］：

捕捉第 51 点。

命令：

曲线 Q/边长交会 B/跟踪 T/区间跟踪 N/垂直距离 Z/平行线 X/两边距离 L/隔一点 J/微导线 A/延伸

E/插点 I/回退 U/换向 H < 指定点 >

曲线 Q/边长交会 B/跟踪 T/区间跟踪 N/垂直距离 Z/平行线 X/两边距离 L/闭合 C/隔一闭合 G/隔一

点 J/微导线 A/延伸 E/插点 I/回退 U/换向 H < 指定点 >j　　　　输入 j，确定，表示隔一点绘制，并自动取直角。　　　　捕捉第 52 点。

指定点：　　　　捕捉第 53 点。

曲线 Q/边长交会 B/跟踪 T/区间跟踪 N/垂直距离 Z/平行线 X/两边距离 L/闭合 C/隔一闭合 G/隔一

点 J/微导线 A/延伸 E/插点 I/回退 U/换向 H < 指定点 >

曲线 Q/边长交会 B/跟踪 T/区间跟踪 N/垂直距离 Z/平行线 X/两边距离 L/闭合 C/隔一闭合 G/隔一

点 J/微导线 A/延伸 E/插点 I/回退 U/换向 H < 指定点 >c　　　　输入 c，确定，表示与起点封闭。

输入层数：<1 > 直接确定，表示是 1 层。

LAYER

当前图层：JMD

输入选项

[？/生成(M)/设置(S)/新建(N)/开(ON)/关(OFF)/颜色(C)/线型(L)/线宽(LW)/打印(P)/冻结(F)/解冻(T)/锁定(LO)/解锁(U)/状态(A)]：s

输入要置为当前的图层名或 <选择对象>：0 输入选项

[？/生成(M)/设置(S)/新建(N)/开(ON)/关(OFF)/颜色(C)/线型(L)/线宽(LW)/打印(P)/冻结(F)/解冻(T)/锁定(LO)/解锁(U)/状态(A)]：

命令：

绘制的多点砼房屋如图 2－11 所示。

说明：选择多点砼房屋后自动读取地物编码，用户不须逐个记忆。从第三点起弹出许多选项，这里以〖隔一点〗功能为例，输入 J，输入一点后系统自动算出一点，使该点与前一点及输入点的连线构成直角。

3）绘制多点砼房屋（方式 2）

再作一个多点砼房，熟悉一下操作过程。如图 2－12 所示，选择屏幕菜单〖居民地/多点砖房屋〗。

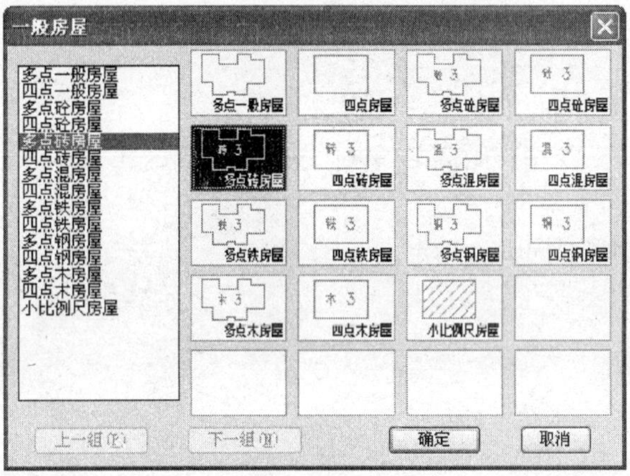

图 2－12 选择屏幕菜单〖居民地/多点砖房屋〗

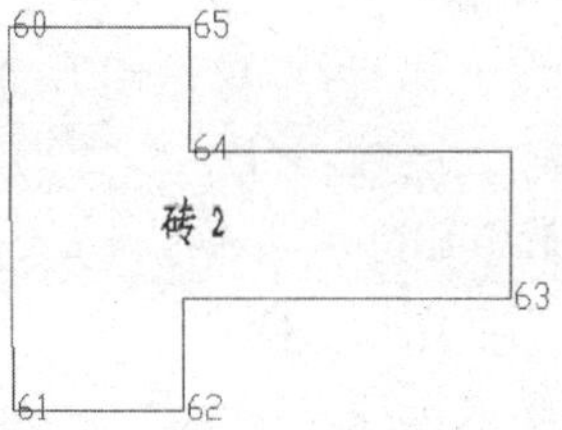

图 2－13 多点砖房屋绘制结果

命令区提示：

命令：

第一点：<跟踪 T/区间跟踪 N > 捕捉第 60 点。

曲线 Q/边长交会 B/跟踪 T/区间跟踪 N/垂直距离 Z/平行线 X/两边距离 L/ <指定点>

pline

指定起点： 捕捉第 61 点。

当前线宽为 0.0000

指定下一个点或 >[圆弧(A)/半宽(H)/长度(L)/放弃(U)/宽度(W)]：

捕捉第 62 点。

命令：

曲线 Q/边长交会 B/跟踪 T/区间跟踪 N/垂直距离 Z/平行线 X/两边距离 L/隔一点 J/微导线 A/延伸

E/插点 I/回退 U/换向 H <指定点>

曲线 Q/边长交会 B/跟踪 T/区间跟踪 N/垂直距离 Z/平行线 X/两边距离 L/闭合 C/隔一闭合 G/隔一

点 J/微导线 A/延伸 E/插点 I/回退 U/换向 H <指定点>A

输入 A，表示近微导线方式向下绘制。

微导线 - 键盘输入角度(K)/ <指定方向点(只确定平行和垂直方向)> 确定绘制线段的方向。

距离 <m>:4.5　　输入 4.5，表示在指定方向上绘制 4.5 米的线段。

曲线 Q/边长交会 B/跟踪 T/区间跟踪 N/垂直距离 Z/平行线 X/两边距离 L/闭合 C/隔一闭合 G/隔一

点 J/微导线 A/延伸 E/插点 I/回退 U/换向 H <指定点>　　捕捉第 63 点。

曲线 Q/边长交会 B/跟踪 T/区间跟踪 N/垂直距离 Z/平行线 X/两边距离 L/闭合 C/隔一闭合 G/隔一

点 J/微导线 A/延伸 E/插点 I/回退 U/换向 H <指定点>J

指定点：　　捕捉第 64 点。

曲线 Q/边长交会 B/跟踪 T/区间跟踪 N/垂直距离 Z/平行线 X/两边距离 L/闭合 C/隔一闭合 G/隔一

点 J/微导线 A/延伸 E/插点 I/回退 U/换向 H <指定点>

曲线 Q/边长交会 B/跟踪 T/区间跟踪 N/垂直距离 Z/平行线 X/两边距离 L/闭合 C/隔一闭合 G/隔一

点 J/微导线 A/延伸 E/插点 I/回退 U/换向 H <指定点>C

输入层数：<1>2　　表示砖房层为 2。

LAYER

当前图层：JMD

输入选项

[？/生成(M)/设置(S)/新建(N)/开(ON)/关(OFF)/颜色(C)/线型(L)/线宽(LW)/打印(P)/冻结(F)/解冻(T)/锁定(LO)/解锁(U)/状态(A)]：s

输入要置为当前的图层名或 <选择对象>：0 输入选项

[？/生成(M)/设置(S)/新建(N)/开(ON)/关(OFF)/颜色(C)/线型(L)/线宽(LW)/打印(P)/冻结(F)/解冻(T)/锁定(LO)/解锁(U)/状态(A)]：

命令：

绘制的多点砖房屋如图 2－13 所示。

说明：〖微导线〗功能由用户输入当前点至下一点的左角(度)和距离(米)，输入后软件将计算出该点并连线。要求输入角度时若输入 K，则可直接输入左向转角，若直接用鼠标点击，只可确定垂直和平行方向。此功能特别适合知道角度和距离但看不到点的位置的情况，如房角点被树或路灯等障碍物遮挡时。绘制房屋的其它选项含义，同学们可自己试画，不再一一例举。

三栋房子绘好后，效果如图 2－14 所示。

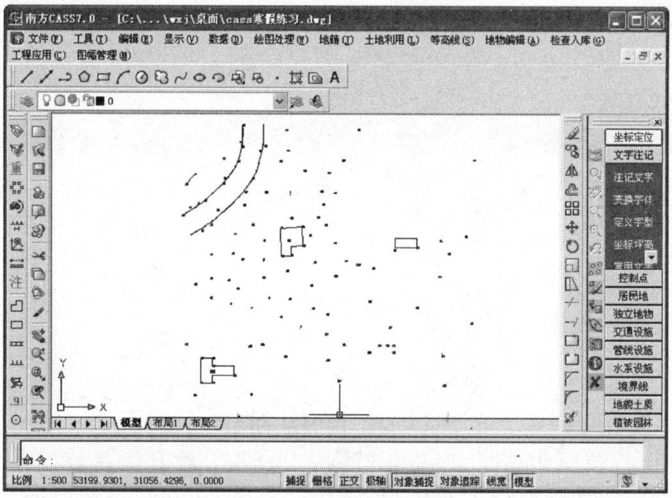

图 2－14 绘好的三栋房子

2.3.3 绘制其它地物

类似以上操作，分别利用右侧屏幕菜单绘制其它地物。

(1)在〖居民地〗菜单中，用 3、39、16 三点完成利用三点绘制 2 层砖结构的四点房；用 68、67、66 绘制不拟合的依比例围墙；用 76、77、78 绘制四点棚房。结果如图 2－15 所示。

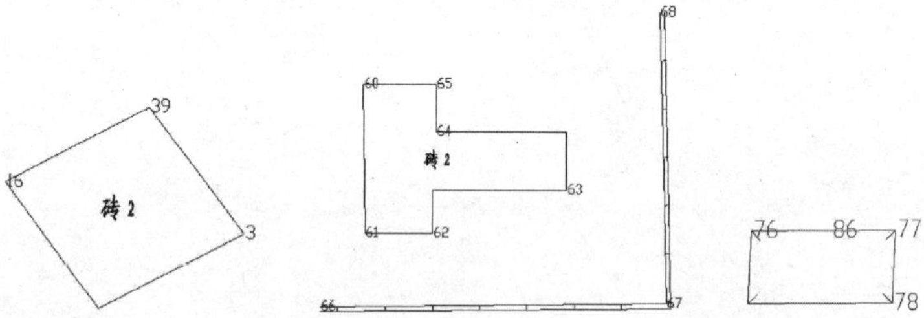

图 2－15 绘制砖结构四点房、围墙、与四点棚房

(2)在〖交通设施〗菜单中，打开〖其它道路〗对话框，在其中选择〖小路〗，用 86、87、88、89、90、91 绘制拟合的小路；选择〖不依比例小路〗，用 103、104、105、106 绘制拟合的不依比例乡村路。结果如图 2－16 所示。

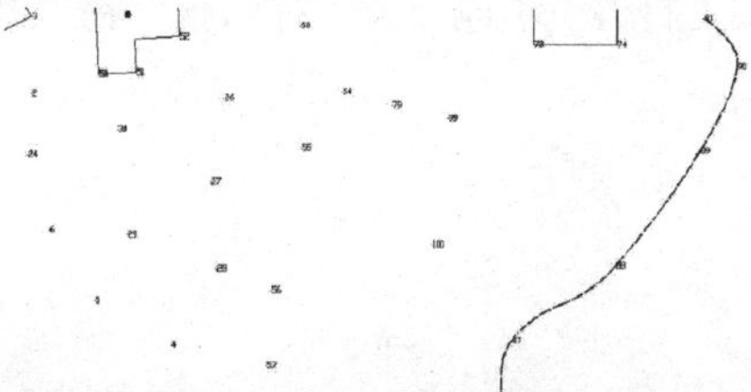

图 2－16 绘制好的小路

(3)在〖地貌土质〗菜单中，打开〖陡坎〗对话框，在其中选择〖未加固陡坎〗，用 54、55、

56、57 绘制拟合的坎高为1米的陡坎；选择〖加固陡坎〗，用93、94、95、96 绘制制不拟合的坎高为1米的加固陡坎。

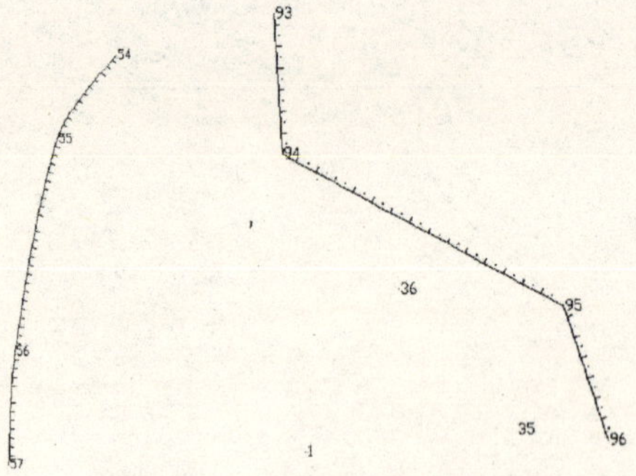

图2-17　绘制好的陡坎

(4)在〖独立地物〗菜单中，打开〖公共设施〗对话框，在其中选择〖路灯〗，用69、70、71、72、97、98 分别绘制路灯；打开〖科文卫体〗对话框，在其中选择〖宣传橱窗〗，用43、10 绘制宣传橱窗；打开〖农业设施〗对话框，在其中选择〖不依比例肥气池〗，用59 绘制不依比例肥气池。绘制结果如图2-18 所示。

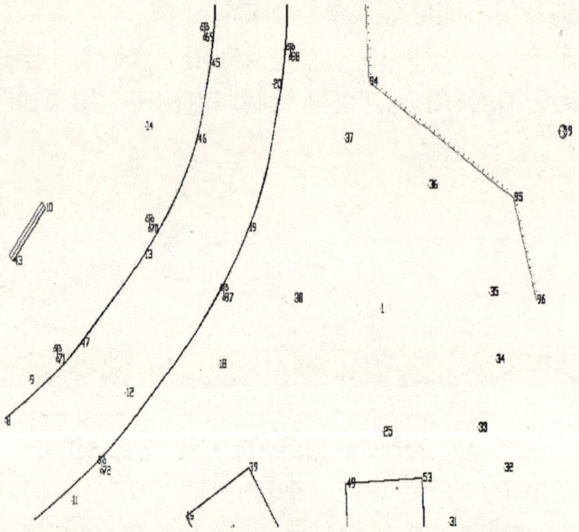

图2-18　绘制好的路灯、宣传橱窗与肥气池

(5)在〖水系设施〗菜单中，打开〖陆地要素〗对话框，在其中选择〖水井〗，用79 绘制水井。如图2-19 所示。

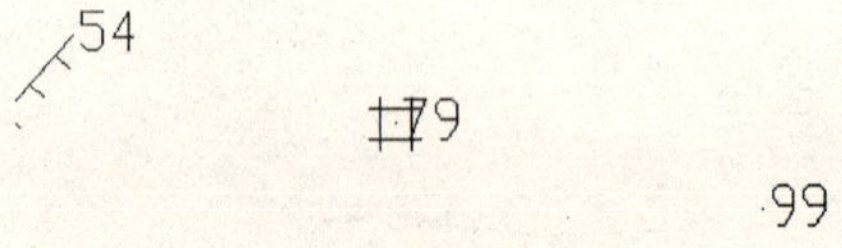

图2-19　绘制好的水井

(6)在〖管线设施〗菜单中，打开〖电力线〗对话框，在其中选择〖地面上的输电线〗，用75、83、84、85 绘制地面上的输电线。如图 2－20 所示。

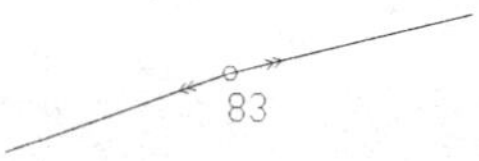

图 2－20　绘制好的地面上的输电线

(7)在〖植被园林〗菜单中，打开〖林地〗对话框，在其中选择〖果树独立树〗，用 99、100、101、102 分别绘制果树独立树；打开〖耕地〗对话框，在其中选择〖菜地〗，用 32、80、81、82 绘制菜地(第 82 号点之后仍要求输入点号时直接回车)，要求边界不拟合，并且保留边界。

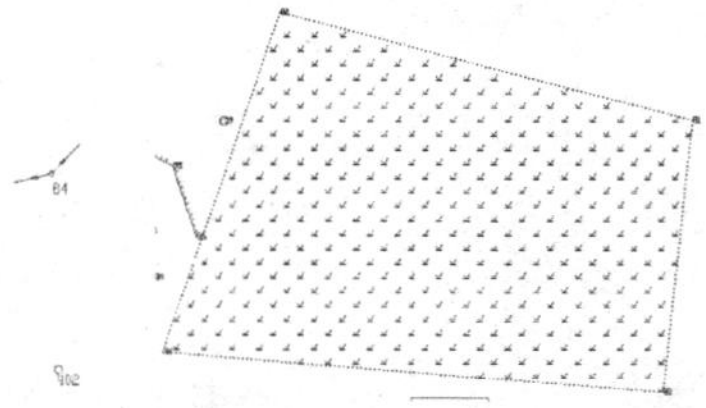

图 2－21　绘制好的果树独立树与菜地

(8)在〖控制点〗菜单中，打开〖平面控制点〗对话框，在其中选择〖埋石图根点〗，用 1、2、4 分别生成埋石图根点。在提问〖等级－点名:〗时分别输入 D121、D123、D135。结果如图 2－22 所示。

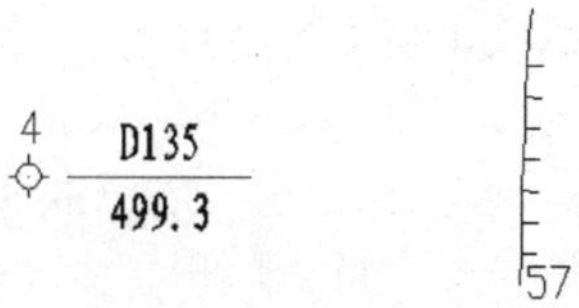

图 2－22　绘制好的图根点

绘制的所有地物如图 2－23 所示。

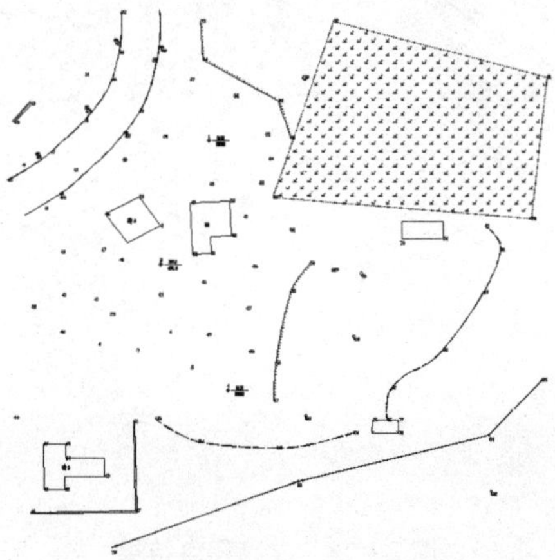

图 2－23　地物绘制结果

(9)最后，为清楚起见，需要清理一下图面。选取〖编辑〗菜单下的〖删除〗二级菜单下的〖删除实体所在图层〗，鼠标符号变成了一个小方框，用左键点取任何一个点号的数字注记，所展点的注记将被删除，平面图作好后效果如图 2－24 所示。

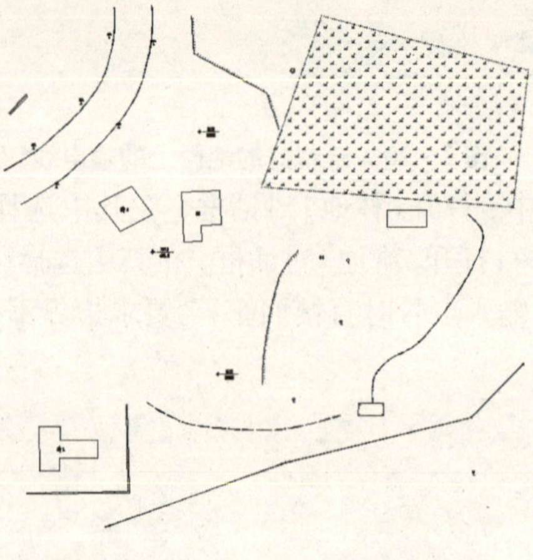

图 2－24　STUDY 平面图最后效果

2.4　绘等高线

2.4.1 展高程点

用鼠标左键点取〖绘图处理〗菜单下的〖展高程点〗，将会弹出数据文件的对话框，找到 C:\CASS50\DEMO\STUDY.DAT，选择〖确定〗，命令区提示：注记高程点的距离（米）：直接回车，表示不对高程点注记进行取舍，全部展出来，结果如图 2－25 所示。

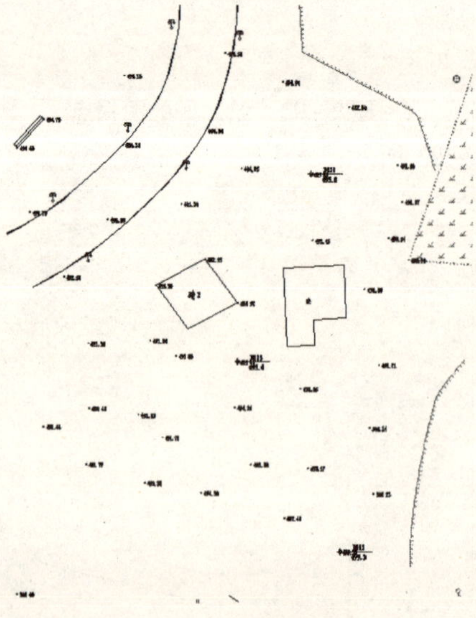

图 2－25　展高程点结果

2.4.2 建立 DTM 模型

用鼠标左键点取顶部菜单中的〖等高线/建立 DTM〗，将会弹出如图 2－26 所示建立 DTM 对话框。根据需要选择建立 DTM 的方式和坐标数据文件名，我们从中选择数据文件 STUDY. DAT。然后选择建模过程中是否考虑陡坎与地性线，单击〖确定〗，生成的 DTM 模型如图 2－27 所示。这样将左部区域的点连接成三角网，其它点在 STUDY. DAT 数据文件里高程为 0，不参与建立三角网。

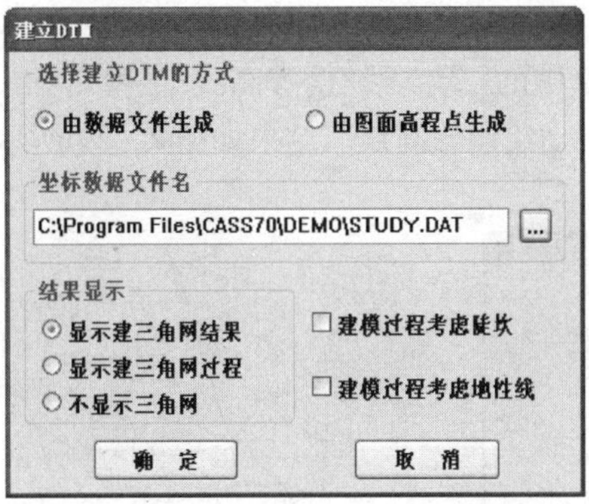

图 2－26 建立 DTM 对话框图

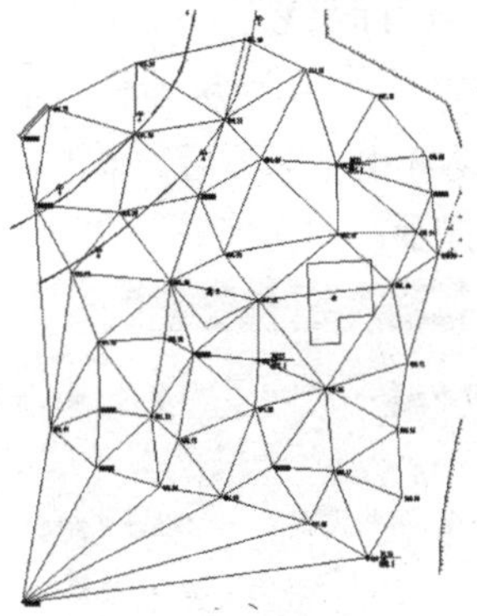

图 2－27 DTM 模型

命令区提示：

命令：

指定窗口角点，输入比例因子 (nX 或 nXP)，或

[全部(A)/中心点(C)/动态(D)/范围(E)/上一个(P)/比例(S)/窗口(W)] <实时>：W

指定第一个角点：指定对角点：

命令：LAYER

当前图层：0

输入选项

[？/生成(M)/设置(S)/新建(N)/开(ON)/关(OFF)/颜色(C)/线型(L)/线宽(LW)/打印(P)/冻结(F)/解冻(T)/锁定(LO)/解锁(U)/状态(A)]：M

输入新图层的名称（成为当前图层）<0>：SJW 输入选项

[？/生成(M)/设置(S)/新建(N)/开(ON)/关(OFF)/颜色(C)/线型(L)/线宽(LW)/打印(P)/冻结(F)/解冻(T)/锁定(LO)/解锁(U)/状态(A)]：C

新颜色 [真彩色(T)/配色系统(CO)] <7（白色）>：RED

输入图层名列表，这些图层使用颜色 1（红色）<SJW>：输入选项

[？/生成(M)/设置(S)/新建(N)/开(ON)/关(OFF)/颜色(C)/线型(L)/线宽(LW)/打印(P)/冻结(F)/解冻(T)/锁定(LO)/解锁(U)/状态(A)]：

命令：

正在连三角网，请稍侯！

连三角网完成!，共 70 个三角形

LAYER

当前图层：SJW

输入选项

[？/生成(M)/设置(S)/新建(N)/开(ON)/关(OFF)/颜色(C)/线型(L)/线宽(LW)/打印(P)/冻结(F)/解冻(T)/锁定(LO)/解锁(U)/状态(A)]：S 0 输入选项

[？/生成(M)/设置(S)/新建(N)/开(ON)/关(OFF)/颜色(C)/线型(L)/线宽(LW)/打印(P)/冻结(F)/解冻(T)/锁定(LO)/解锁(U)/状态(A)]：

命令：

2.4.3 绘等高线

(1)绘等高线。用鼠标左键点取顶部菜单中的〖等高线/绘等高线〗，弹出如图 2－28 所示对话框，设置相应选项后，单击〖确定〗，自动绘制等高线。结果如图 2－29 所示。

命令区提示：

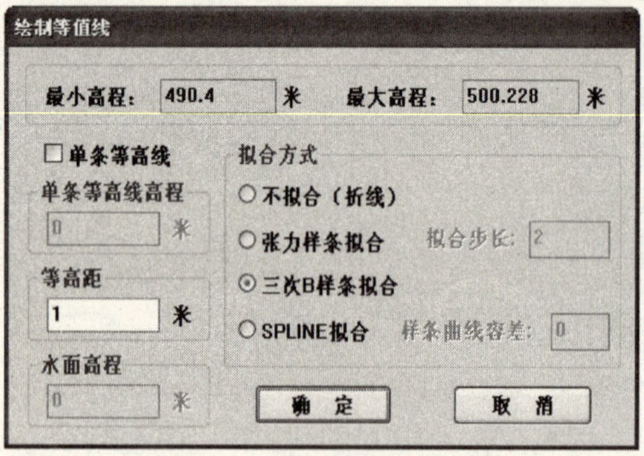

图 2－28　对话框图

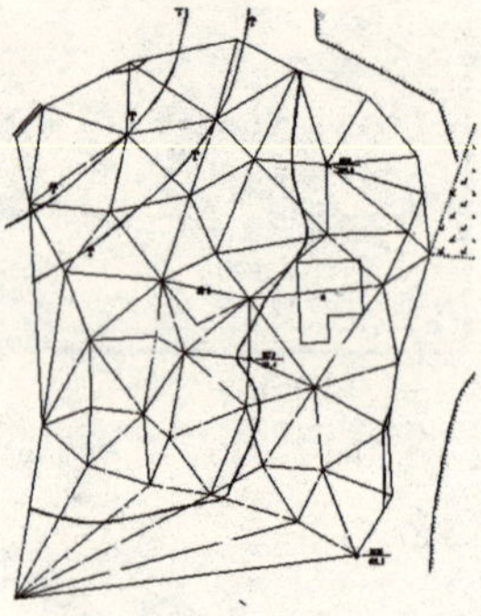

图 2－29　绘制等高线

命令：

当前图层：0

输入选项

[？/生成(M)/设置(S)/新建(N)/开(ON)/关(OFF)/颜色(C)/线型(L)/线宽(LW)/打印(P)/冻结(F)/解冻(T)/锁定(LO)/解锁(U)/状态(A)]：M

输入新图层的名称（成为当前图层）<0>：DGX 输入选项

[？/生成(M)/设置(S)/新建(N)/开(ON)/关(OFF)/颜色(C)/线型(L)/线宽(LW)/打印(P)/冻结(F)/解冻(T)/锁定(LO)/解锁(U)/状态(A)]：C

新颜色［真彩色(T)/配色系统(CO)］<7（白色）>：YELLOW

输入图层名列表，这些图层使用颜色 2（黄色）<DGX>：输入选项

[？/生成(M)/设置(S)/新建(N)/开(ON)/关(OFF)/颜色(C)/线型(L)/线宽(LW)/打印(P)/冻结(F)/解冻(T)/锁定(LO)/解锁(U)/状态(A)]：

命令：LINETYPE

当前线型：〖Continuous〗

输入选项［？/创建(C)/加载(L)/设置(S)］：S

指定线型名或［？］<Continuous>：continuous

输入选项［？/创建(C)/加载(L)/设置(S)］：

命令：等高线高程为 490.0 M.

等高线高程为 491.0 M.
等高线高程为 492.0 M.
等高线高程为 493.0 M.
等高线高程为 494.0 M.
等高线高程为 495.0 M.
等高线高程为 496.0 M.
等高线高程为 497.0 M.
等高线高程为 498.0 M.
等高线高程为 499.0 M.
等高线高程为 500.0 M.
layer
当前图层：DGX
输入选项
[？/生成(M)/设置(S)/新建(N)/开(ON)/关(OFF)/颜色(C)/线型(L)/线宽(LW)/打印(P)/冻结(F)/解冻(T)/锁定(LO)/解锁(U)/状态(A)]：s 0 输入选项
[？/生成(M)/设置(S)/新建(N)/开(ON)/关(OFF)/颜色(C)/线型(L)/线宽(LW)/打印(P)/冻结(F)/解冻(T)/锁定(LO)/解锁(U)/状态(A)]：
命令：绘制完成!

(2)删三角网。选择顶部菜单中的〖等高线/删三角网〗，这时等高线显示如图 2－30 所示。

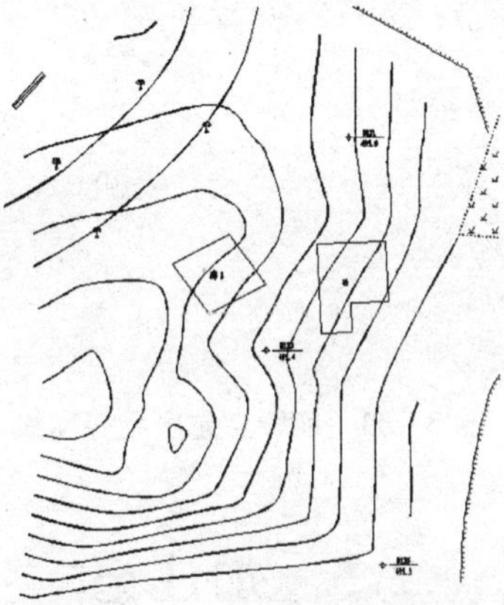

图 2－30　删三角网后的等高线

(3)修剪等高线。图 2－30 中的等高线有很多地方不符合地形图制图规范，如等高线穿过房屋、道路或注记等，需要进行修剪。方法是：利用顶部菜单中的〖等高线/等高线修剪〗二级菜单，〖批量修剪等高线〗、〖切除指定二线间等高线〗、〖切除指定区域间等高线〗。如图 2－31、图 2－32、图 2－33 分别是菜单选取与切除的结果显示。

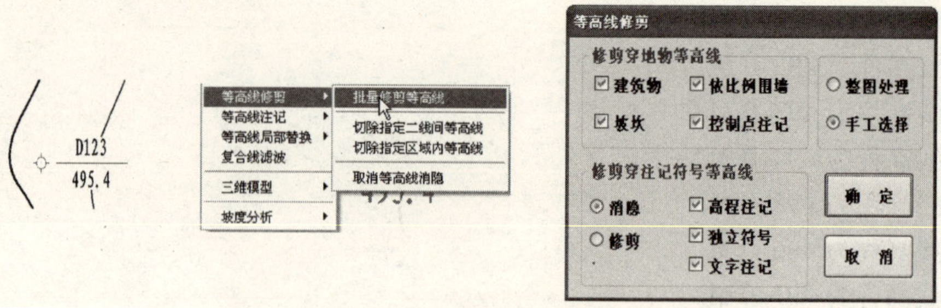

图 2－31　切除穿越注记等高线

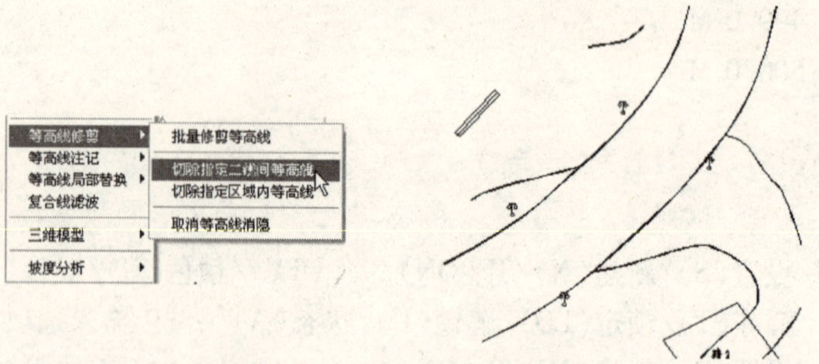

图 2－32　切除穿越道路等高线

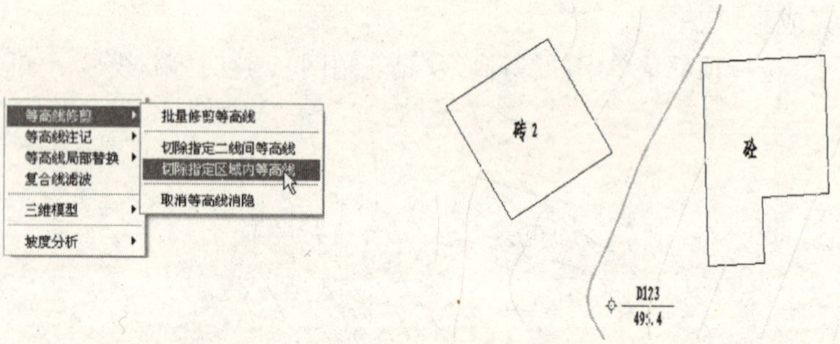

图 2－33　切除穿越房屋等高线

2.5　加注记

下面我们演示在平行等外公路上加〖黄河中路〗四个字。用鼠标左键点取右侧屏幕菜单的〖文字注记/注记文字〗项，弹出如图 2－34 对话框。填写注记内容，选择注记排列方式后，单击〖确定〗，在绘图区内选择道路一边，即可。然后再把文字移动到合适位置。效果如图 2－35 所示。说明:文字位置也使用作辅助线方法来确定，即在输入文字前在文字注记位置先作出一条样条曲线，当需要选择文字位置时，直接选择辅助线。

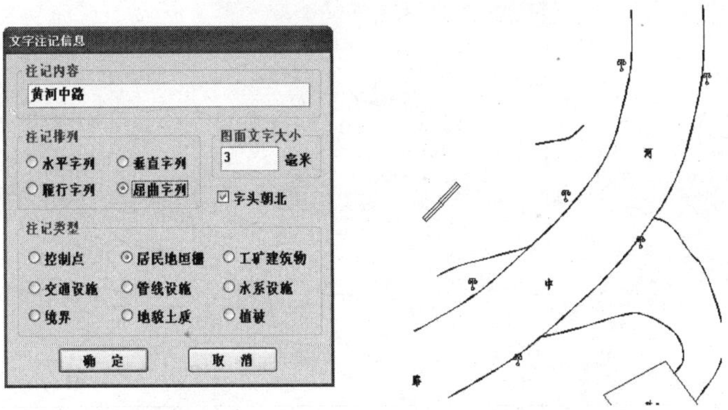

图 2－34　文字注记信息对话框与注记效果

命令区提示：

命令：wzzj 打开文字注记信息对话框。

选择线状地物：选择文字位置。

命令：

2.6　加图框

用鼠标左键点击〖绘图处理〗菜单下的〖标准图幅（50×40）〗，弹出如图 2－35 的界面。按图示内容填写好所有内容，做好选项，单击〖确定〗，结果如图 2－36 所示。

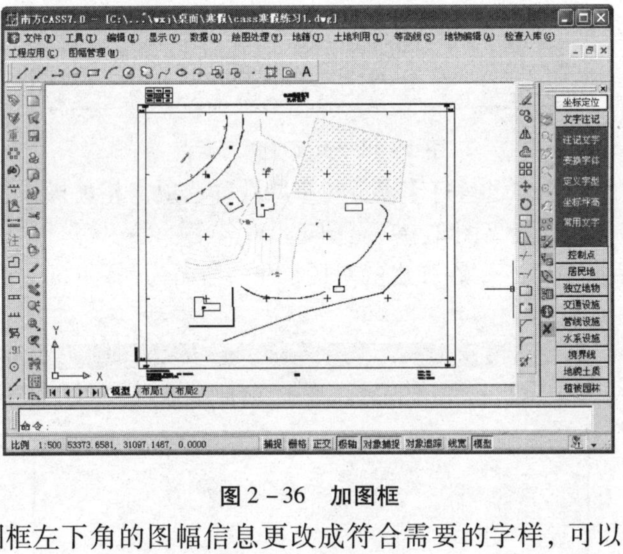

图 2－36　加图框

另外，可以将图框左下角的图幅信息更改成符合需要的字样，可以将图框和图章用户化。方法是：选择〖文件/CASS7.0 参数设置〗，弹出如图 2－37 所示对话框，在其中可将测图信息填写为自己的信息，单击〖确定〗即可更改成功。

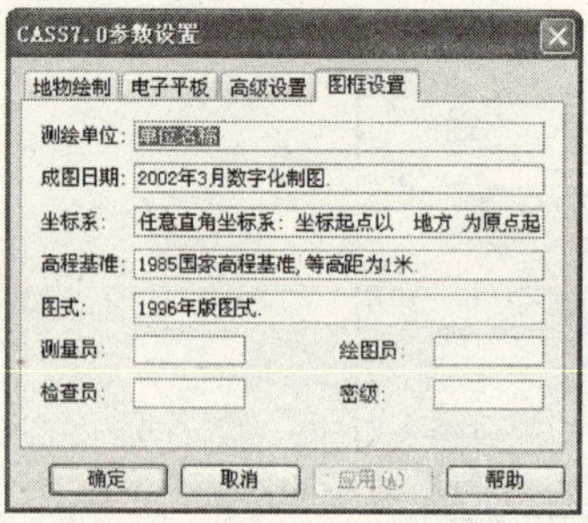

图 2－37　更改测图信息

2.7　图形输出

(1)用鼠标左键点取〖文件/绘图输出/页面设置〗菜单，弹出图 2－38 所示对话框。

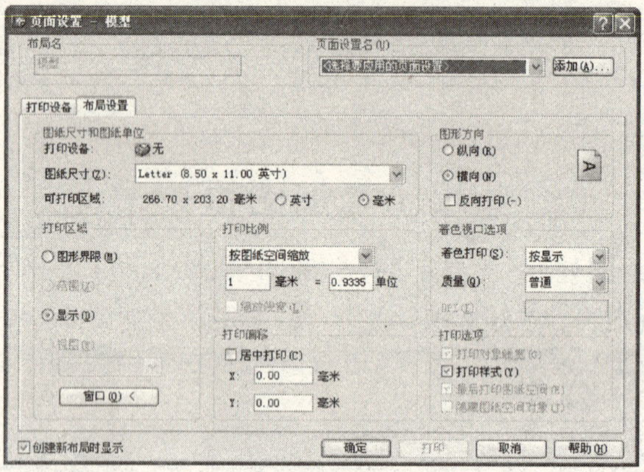

图 2－38　页面设置对话框

(2)在页面设置对话框中进行打印设备与布局设置选项卡相关操作，界面如图 2－39、图 2－40 所示。详细步骤的界面见图 2－42 至图 2－50。

在图 2－40 对话框中单击 ，在弹出的对话框中，命名为:打印 50－40，单击 后，页面设置完毕，如图 2－41 所示。

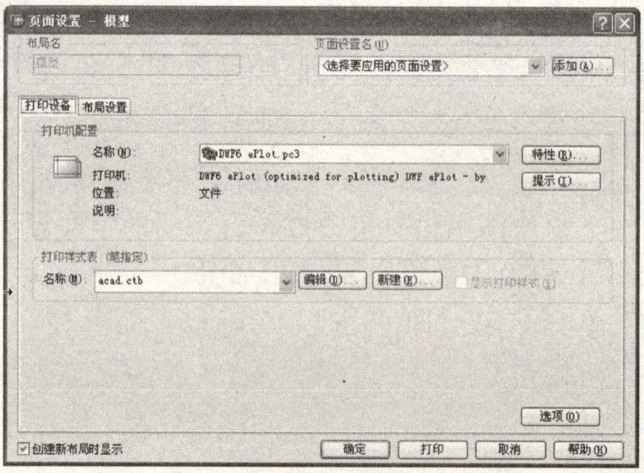

图 2－39　页面设置－打印设备选项卡

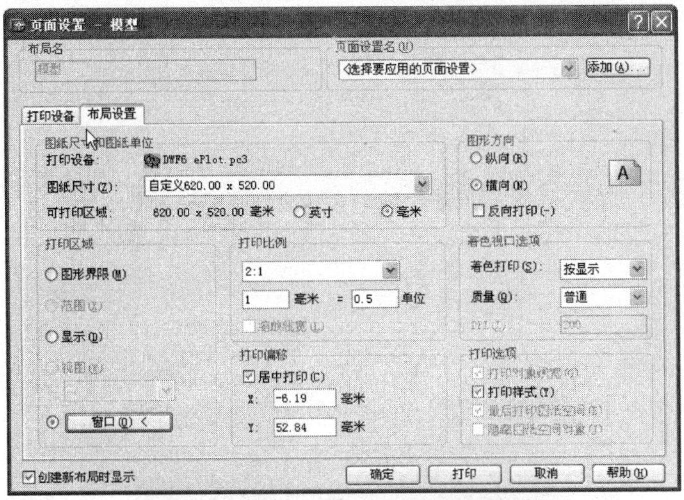

图 2-40　页面设置-布局设置选项卡

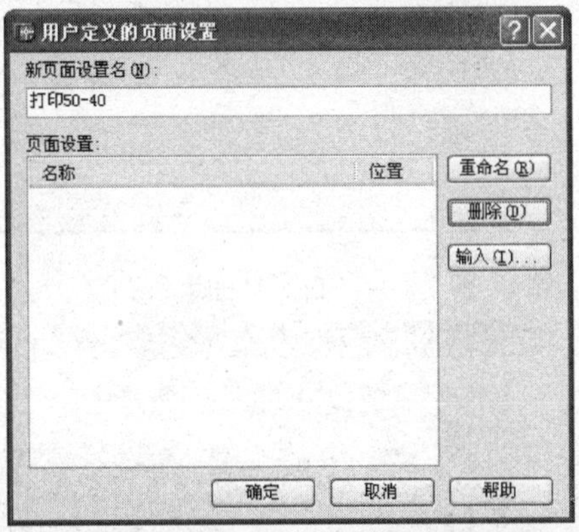

图 2-41　命名用户自定义页面设置为:打印 50-40

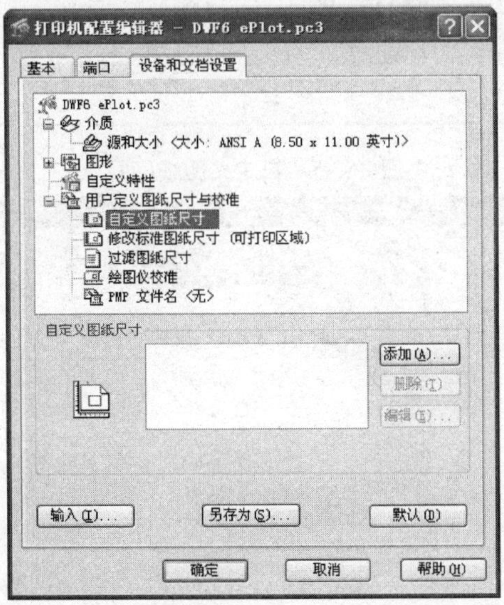

图 2-42　单击 特性(R)... 按钮，自定义图纸(一)

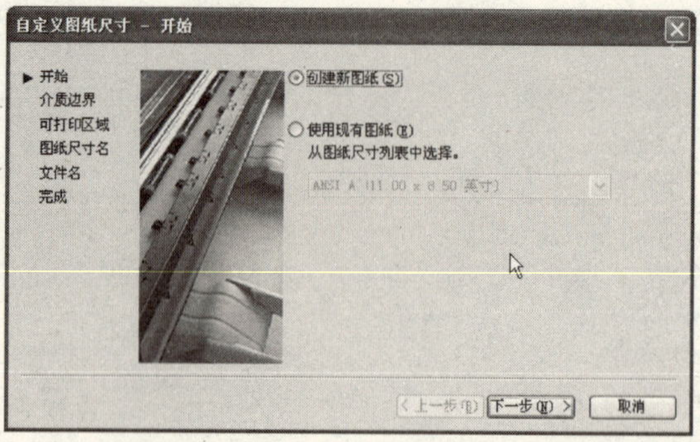

图 2-43　自定义图纸(二)

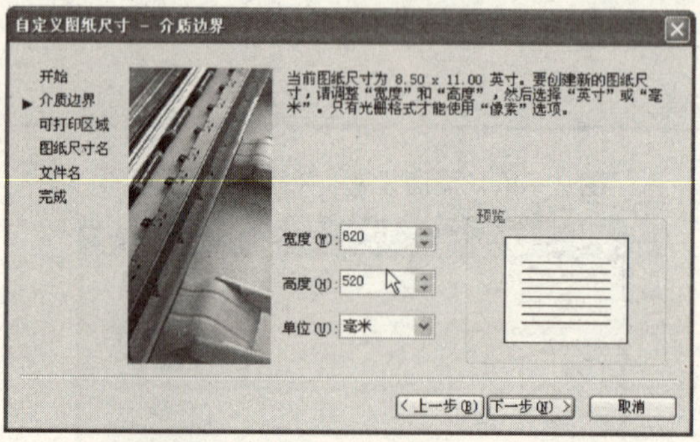

图 2-44　自定义图纸(三)

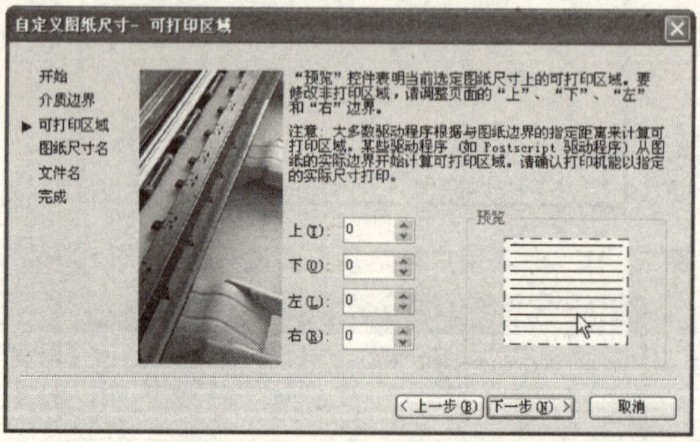

图 2-45　自定义图纸(四)

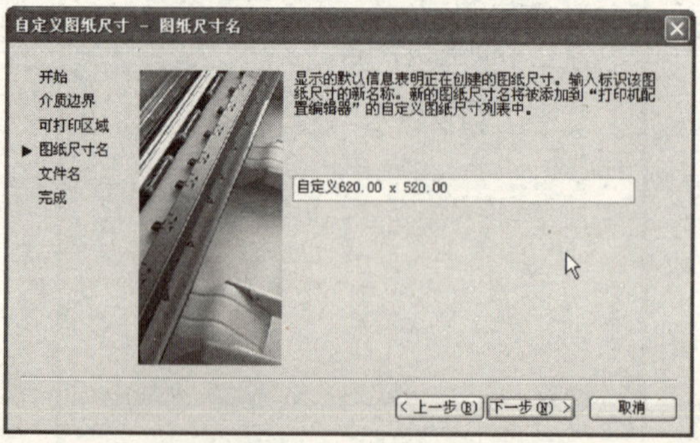

图 2-46　自定义图纸(五)

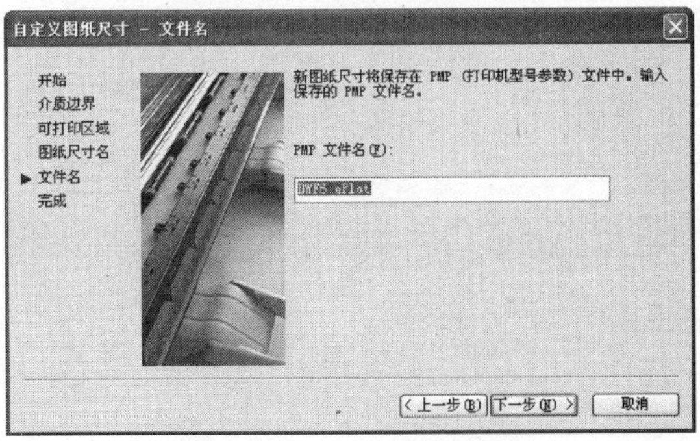

图 2－47　自定义图纸（六）

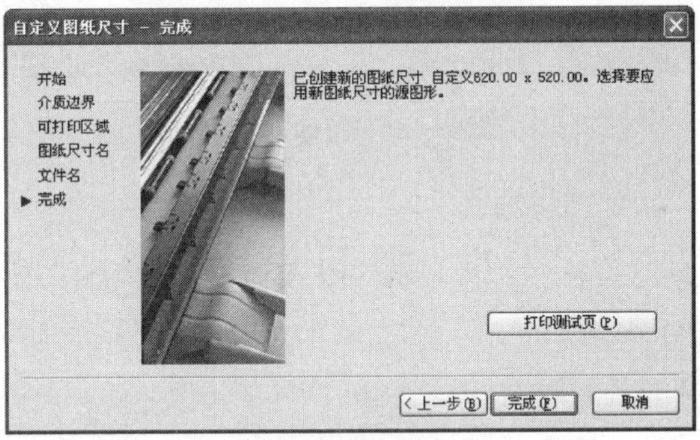

图 2－48　自定义图纸（七）

图 2－49　自定义图纸（八）

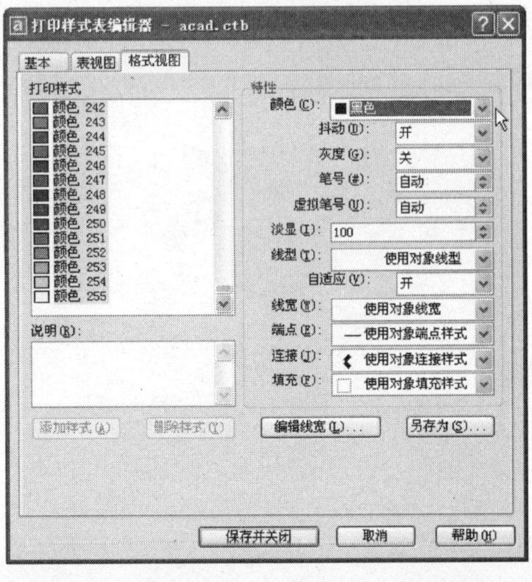

图 2－50　单击 按钮，自定义打印样式

（3）用鼠标左键点取〖文件/绘图输出/打印〗菜单，弹出图 2－51 所示对话框。单击 按钮，可以预览打印效果，预览理想后单击 ，即可打印。

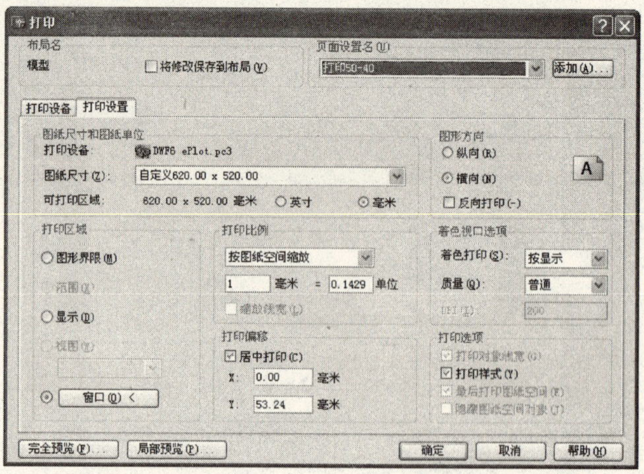

图 2－51　打印对话框

2.8　复习思考题

(1)地形图要素有哪几类?

(2)说明 CASS7.0 绘制地形图的主要步骤。

(3)使用 CASS7.0 绘制地形图需要注意哪些问题?

(4)定显示区域有何作用?

(5)说明使用 CASS7.0 打印地形图的主要步骤?

学习情境3　测绘地形图

【技能目标】

数字化测图的准备工作，绘制平面图，绘制等高线，图形编辑。

【知识目标】

地形测图测绘的基本知识。

【内容简介】

本学习情境将以专题应用为主线介绍CASS7.0在数字化测图与管理工作中的具体工作方法。CASS7.0系统提供了〖内外业一体化成图〗、〖电子平板成图〗和〖老图数字化成图〗等多种成图作业模式。本学习情境主要介绍〖内外业一体化〗的成图作业模式，利用一幅地形图的绘制作载体学习CASS7.0的应用。

【学习重点】

地形图测绘知识与如何使用CASS7.0绘制地形图。

3.1　准备工作

3.1.1 控制测量和碎部测量原则

当在一个测区内进行等级控制测量时，应该尽可能多选制高点(如山顶或楼顶)，在规范或甲方允许范围内布设最大边长，以提高等级控制点的控制效率。完成等级控制测量后，可用辐射法布设图根点，点位及点之密度完全按需要而测设，灵活多变。如图3-1所示，对整个9幅图2.25平方公里来说，总共布设了49个控制点，除去图幅外的点，平均每幅图最多5个控制点。

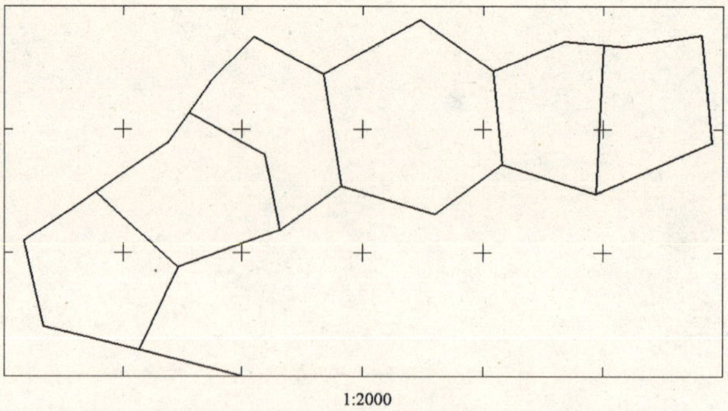

图 3－1　某数字化测图工程的控制网略图

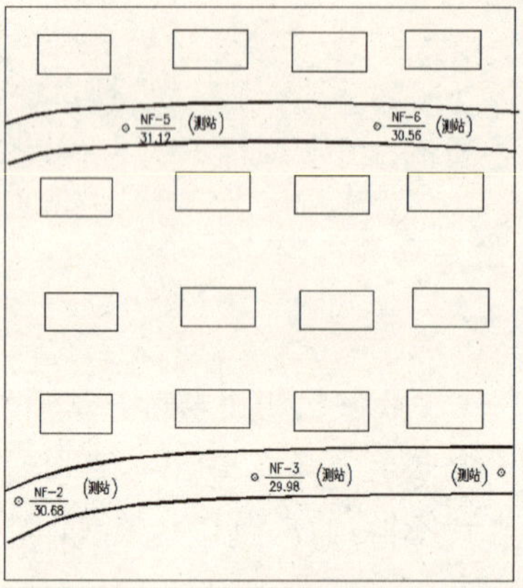

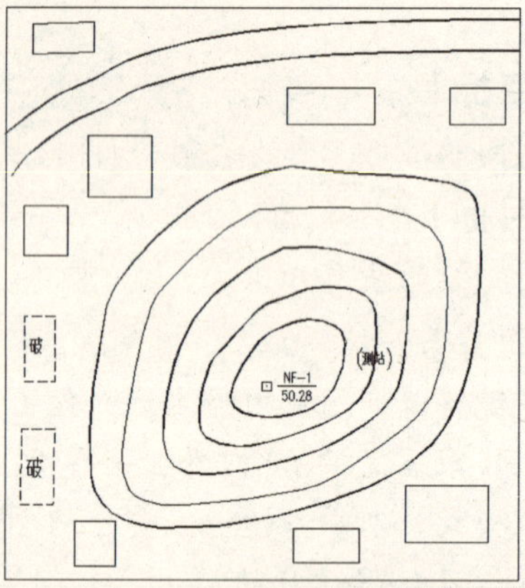

图 3－2　利用制高点可能少搬站　　　图 3－3　地物较多时可能要经常搬站

在进行碎部测量时，对于比较开阔的地方，在一个制高点上可以测完大半幅图，就不要因为距离太远(其实也不过几百米)而忙于搬站，如图 3－2 所示。对于比较复杂的地方，就不要因为麻烦(其实也浪费不了几分钟)而不愿搬站，要充分利用电子手簿的优势和全站仪的精度，测一个支导线点是很容易的，如图 3－3 所示。

3.1.2 测区分幅及进程

平板测图是把测区按标准图幅划分成若干幅图，再一幅一幅往下测，如图 3－4 所示。

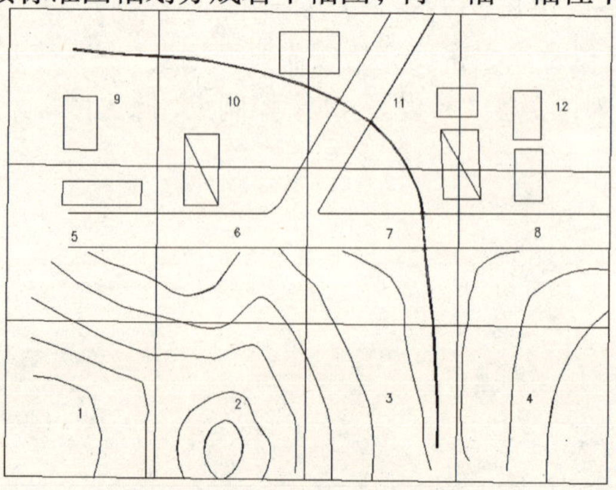

图 3－4　平板测图的分幅

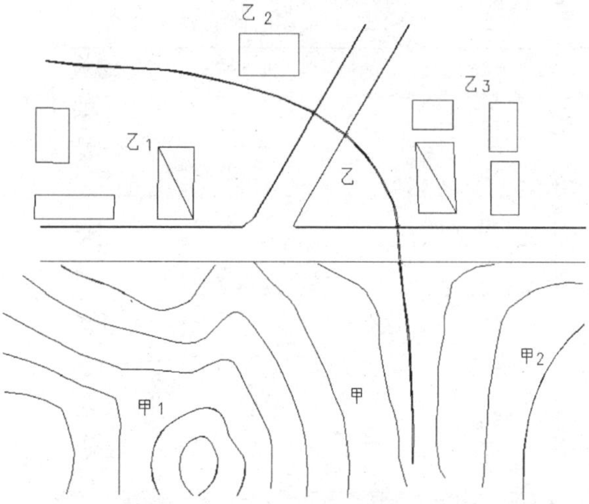

图3－5 数字化测图分幅

数字化测图是以路、河、山脊等为界线，以自然地块进行分块测绘，如图3－5所示。例如：有甲、乙两个作业小队，甲队负责路南区域，乙队负责路北区域（包括公路）。甲队再以山谷和河为界，乙队再以公路和河为界，分块分期测绘。

3.1.3 碎部测量

数字化测图的碎部测量数据采集一般用全站仪或速测仪等电子仪器进行，工作时应将全站仪与南方电子手簿用数据传输电缆正确地连接（南方电子手簿有PC－E500、HP200、MG（测图精灵），具体连接方法见《南方电子手簿NFSB使用说明书》，《测图精灵用户手册》，如果采用带内存的全站仪则不用接电子手簿）；当地物比较规整时，如图3－6所示，可以采用〖简码法〗模式，在现场可输入简码，室内自动成图。具体编码规则参见附录A，与图3－6对应的各测点的简码见表3－1。当地物比较杂乱时，如图3－7所示，最好采用〖草图法〗模式，现场绘制草图，室内用编码引导文件（如表3－2的样本）或用测点点号定位方法进行成图。

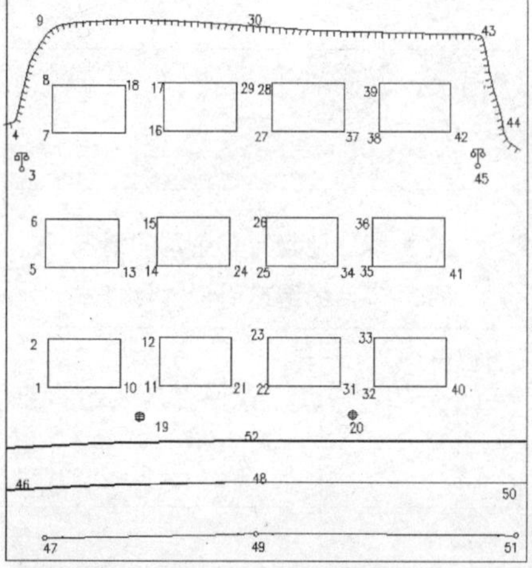

图3－6 地物比较规整的情况

表 3－1　　图 3－6 草图的简码表

点号	编码	点号	编码	点号	编码	点号	编码
1	F2	14	F2	27	F2	40	7－
2	+	15	+	28	+	41	5－
3	A70	16	F2	29	11+	42	3－
4	K0	17	+	30	20－	43	12－
5	F2	18	9+	31	8－	44	－
6	+	19	A26	32	F2	45	A70
7	F2	20	A26	33	+	46	X0
8	+	21	9－	34	8－	47	D3
9	4－	22	F2	35	F2	48	1+
10	8－	23	+	36	+	49	1+
11	F2	24	9－	37	9－	50	1+
12	+	25	F2	38	F2	51	1+
13	7－	26	+	39	+	52	1P

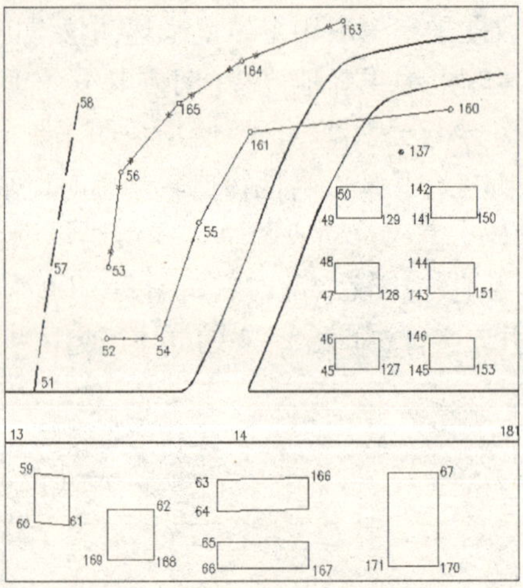

图 3－7　地物比较杂乱的情况

表 3－2　　图 3－7　的编码引导文件样本

地物	代码	点号
高压线	D1	53,56,165,164,163
通信线	D3	52,54,55,161,160
小路	X2	51,57,58
实线	X0	13,14,181
一般房屋	F2	46,45,127

续表

……	……	……
一般房屋	F2	62,168,169
电信入口	A30	137

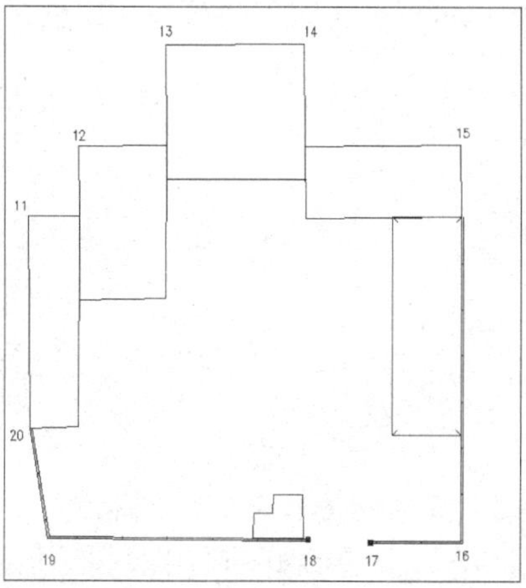

3－8　复杂地物可用皮尺丈量方法测量

当所测地物比较复杂时，如图3－8所示，为了减少镜站数，提高效率，可适当采用皮尺丈量方法测量，室内用交互编辑方法成图。需要注意的是，待测点的高程不参加高程模型的计算时，在CASS7.0中可直接设置为0即可。方法是：在NFSB上，将觇标高置为0，则待测点的高程就自动为零；若使用测图精灵采集时，则在同步采集面板上选择〖不参加建模〗选项，则建模中这些点的高程不参加建模计算。

在进行地貌采点时，可以用多镜测量，一般在地性线上要采集足够密度的点，尽量多观测特征点。如图3－9所示，例如在沟底测了一排点，也应该在沟边再测一排点，这样生成的等高线才真实；而在测量陡坎时，最好坎上坎下同时测点，这样生成的等高线才能真实的反映实际地貌。在其它地形变化不大的地方，可以适当放宽采点密度。

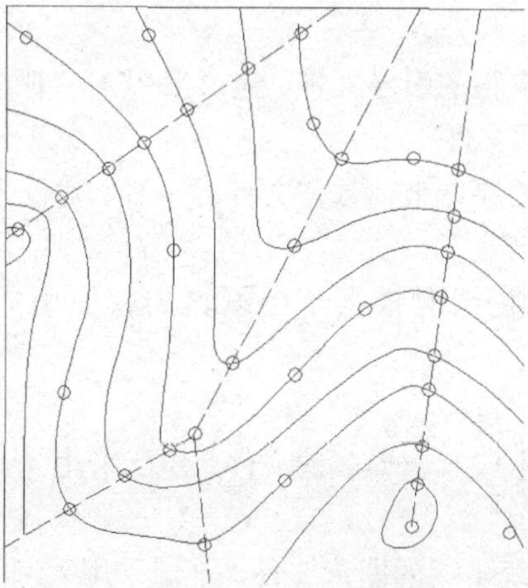

图3－9　地貌采点要采集特征点

3.1.4 人员安排

根据 CASS7.0 的特点，一个作业小组可配备：测站 1 人，镜站 1 – 3 人，领尺员 2 人；如果配套使用测图精灵，则一般测站一人，镜站 1 – 3 人即可，无需领尺员了。如图 3 – 10 所示，根据地形情况，镜站可用单人或多人。领尺员负责画草图和室内成图，是核心成员，一般外业一天，内业一天，2 人轮换，也可根据小组实际情况自由安排。

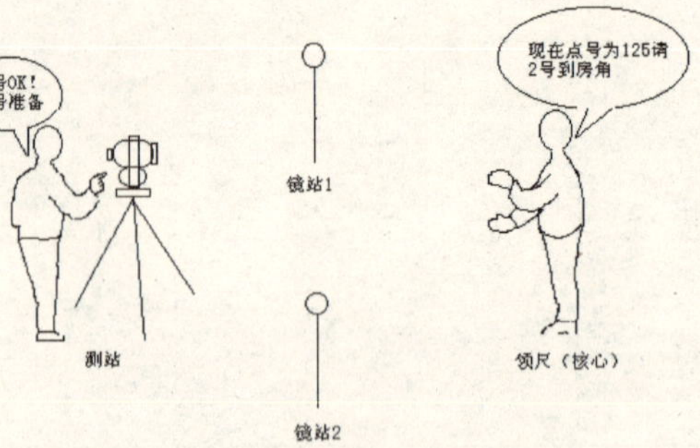

图 3 – 10　一小组作业人员配备情况示意图

需要注意的是领尺员必须与测站保持良好的通讯联系(可通过对讲机)，使草图上的点号与手簿上的点号一致。

3.1.5　文件管理

数字化测图的内业处理涉及的数据文件较多。因此，进入 CASS7.0 成图系统后，您将面临输入各种各样的文件名的情况，所以您最好养成一套较好的命名习惯，以减少内业工作中不必要的麻烦。我们建议您采用如下的命名约定。

(1)简编码坐标文件

1)由手簿传输到计算机中带简编码的坐标数据文件，建议采用＊JM. DAT 格式；

2)由内业编码引导后生成的坐标数据文件，建议采用＊YD. DAT 格式。

(2)坐标数据文件

指由手簿传输到计算机的原始坐标数据文件的一种，建议采用＊. DAT 格式。

(3)引导文件

指由作业人员根据草图编辑的引导文件，建议采用＊. YD 格式。

(4)坐标点(界址点)坐标文件

指由手簿传输到计算机的原始坐标数据文件的一种，建议采用＊. DAT 格式。

(5)权属引导信息文件

指作业人员在作权属地籍图时根据草图编辑的权属引导信息文件，建议采用＊DJ. YD 格式。

(6)权属信息文件

指由权属合并或由图形生成权属形成的文件，建议采用＊. QS 格式。

(7)图形文件

凡是在 CASS7.0 绘图系统生成的图形文件，规定采用＊. DWG 格式。

3.2 绘制平面图

对于图形的生成，CASS7.0 提供了〖草图法〗、〖简码法〗、〖电子平板法〗、〖数字化仪录入法〗等多种成图作业方式，并可实时地将地物定位点和邻近地物(形)点显示在当前图形编辑窗口中，操作十分方便。通过本节的学习，您将学会运用 CASS7.0 绘平面图的常用方法。

首先，要确定计算机内是否有您要处理的坐标数据文件(即您是否将野外观测的坐标数据从电子手簿或带内存的全站仪传到计算机上来)。如果没有，则要进行数据通讯。

3.2.1 数据通讯

数据通讯的作用是完成电子手簿或带内存的全站仪与计算机两者之间的数据相互传输。南方公司开发的电子手簿的载体有 PC－E500、HP200、MG(测图精灵)。

3.2.1.1 与 PC－E500 电子手簿通讯

数据可以由 PC－E500 向计算机传输，将数据存在计算机的硬盘供计算机后处理;也可以将计算机中的数据由计算机向 PC－E500 传输(如将在计算机平差好的已知点数据传给 PC－E500)。

进行数据通讯操作之前，首先在您的电子手簿(PC－E500)与计算机的串口之间用 E5－232C 电缆联上，然后打开您的计算机进入 WINDOWS 系统，双击 CASS7.0 的图标或单击 CASS7.0 的图标再敲回车键，即可进入 CASS 系统，此时屏幕上将出现系统的操作界面。

(1)移动鼠标至〖数据处理〗处按左键，便出现如图 3－11 所示的下拉菜单。

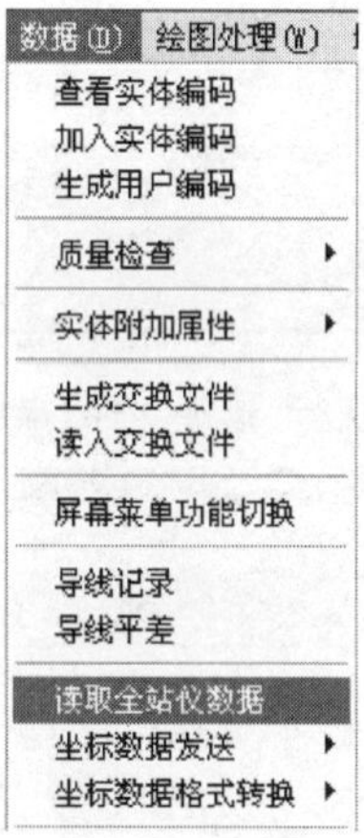

图 3－11　数据处理的下拉菜单

要注意的是，使用热键〖ALT＋D〗也是可以执行这一功能的，即在按下〖ALT〗键的时候按下〖D〗键。

(2)移动鼠标至〖数据通讯〗项的〖读取全站仪数据〗项，该处以高亮度(深蓝)显示，按左键，这时，便出现如图 3－12 所示的对话框。

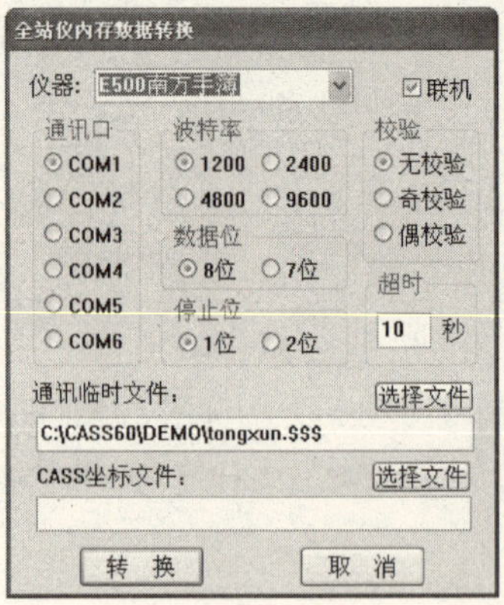

图 3－12　全站仪内存数据转换

(3)在〖仪器〗下拉列表中找到〖E500 南方手簿〗，点击鼠标左键。然后检查通讯参数是否设置正确。接着在对话框最下面的〖CASS 坐标文件:〗下的空栏里输入您想要保存的文件名，要留意文件的路径，为了避免找不到您的文件，可以输入完整的路径。最简单的方法是点〖选择文件〗出现如图 3－13 的对话框，在〖文件名(N):〗后输入您想要保存的文件名，点保存。这时，系统已经自动将文件名填在了〖CASS 坐标文件:〗下的空白处。这样就省去了手工输入路径的步骤。

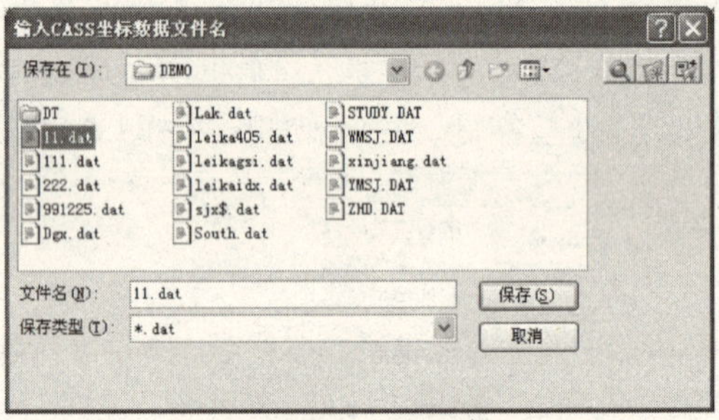

图 3－13　执行〖选择文件〗操作的对话框

图 3－14　计算机等待 E500 信号

输完文件名后移动鼠标至〖转换〗处，按左键(或者直接敲回车键)便出现图 3－14 的提示。如果您输入的文件名已经存在，则屏幕会弹出警告信息。当您不想覆盖原文件时，移动鼠标至〖否(N)〗处，按左键即返回图 3－15 所示对话框，重新输入文件名。当您想覆盖原文件时，移动鼠标至〖是(Y)〗处，按左键即可。

(4)如果仪器选择错误会导致传到计算机中的数据文件格式不正确，这时会出现图 3－16 所示的对话框，

图 3－15　数据格式错误的对话框

(5)操作 PC－E500 电子手簿，作好通讯准备，在 E500 上输入本次传送数据的起始点号后，然后先在计算机敲回车键再在 PC－E500 敲回车键。命令区便逐行显示点位坐标信息，直至通讯结束。

3.2.1.2 与带内存全站仪通讯

(1)将全站仪通过适当的通讯电缆与微机联接好。

(2)移动鼠标至〖数据通讯〗项的〖读取全站仪数据〗项，该处以高亮度(深蓝)显示，按左键，出现如图 3－16 的对话框

图 3－16 全站仪内存数据转换的对话框

(3)根据不同仪器的型号设置好通讯参数，再选取好要保存的数据文件名，点转换。大体步骤与上同。如果想将以前传过来的数据(比如用超级终端传过来的数据文件)进行数据转换，可先选好仪器类型，再将仪器型号后面的〖联机〗选项取消。这时你会发现，通讯参数全部变灰。接下来，在〖通讯临时文件〗选项下面的空白区域填上已有的临时数据文件，再在〖CASS 坐标文件〗选项下面的空白区域填上转换后的 CASS 坐标数据文件的路径和文件名，点〖转换〗即可。

注意:若出现〖数据文件格式不对〗提示时，有可能是以下的情形:1)数据通讯的通路问题，电缆型号不对或计算机通讯端口不通;2) 全站仪和软件两边通讯参数设置不一致;3)全站仪中传输的数据文件中没有包含坐标数据，这种情况可以通过查看 tongxun. $ $ $ 来判断。

3.2.1.3 与测图精灵通讯

(1)在测图精灵中将图形保存，然后传到微机上，存到微机上的文件扩展名是 SPD。此文件是二进制格式，不能用写字板打开。

(2)移动鼠标至〖数据通讯〗项的〖测图精灵格式转换〗项，在下级子菜单中选取〖读入〗，该处以高亮度(深蓝)显示，按左键。如图 3－17 所示。

(3)注意 CASS7.0 的命令行提示输入图形比例尺，输入比例尺后出现〖输入 SPDA20 图形数据文件名〗的对话框，如图 3－19。

(4)找到你从测图精灵中传过来的图形数据文件，点〖打开〗按钮，系统会读取图形文件内容，并根据图形内的地物代码在 CASS7.0 中自动重构并将图形绘制出来。这时得到的图形与在测图精灵中看到的完全一致。

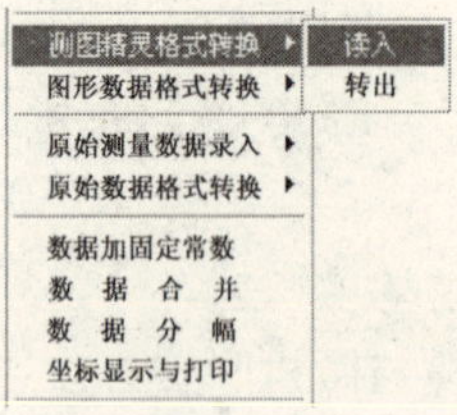

图 3－17　测图精灵格式转换的菜单

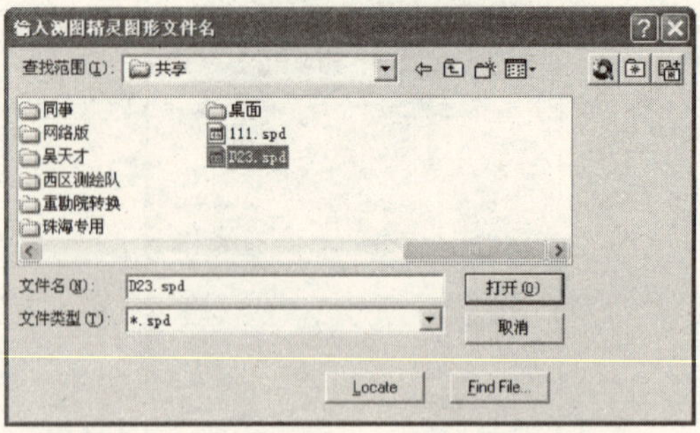

图 3－18　输入测图精灵图形文件对话框

如果您要将一幅 AUTOCAD 格式的的图（扩展名为 DWG）转到测图精灵中进行修补测，可在菜单〖数据处理〗下找到〖测图精灵格式转换〗子菜单下的〖转出〗，利用此功能，可将 CASS7.0 下的图形转成测图精灵的 SPD 图形文件。

转换完成后您将得到一个扩展名为 SPD 的文件，比起原来的 DWG 来小许多倍，这时可以将测图精灵与微机联接（方法同上），将此文件传到测图精灵的〖My Documents〗目录下。

启动测图精灵，在〖文件〗菜单下选〖打开〗，这时你可以看到刚才传过来的图形文件，选择它、打开，图形将出现在测图精灵上。

这样就实现了测图精灵与 CASS7.0 的图形数据传输。

3.2.2 内业成图

下面分别介绍〖草图法〗、〖简码法〗的作业流程。另外，还介绍〖测图精灵〗采集的数据在 CASS7.0 中成图的方法。

3.2.2.1 草图法工作方式

〖草图法〗工作方式要求外业工作时，除了测量员和跑尺员外，还要安排一名绘草图的人员，在跑尺员跑尺时，绘图员要标注出所测的是什么地物（属性信息）及记下所测点的点号（位置信息），在测量过程中要和测量员及时联系，使草图上标注的某点点号要和全站仪里记录的点号一致，而在测量每一个碎部点时不用在电子手簿或全站仪里输入地物编码，故又称为〖无码方式〗。

〖草图法〗在内业工作时，根据作业方式的不同，分为〖点号定位〗、〖坐标定位〗、〖编码引导〗几种方法。

（1）点号定位法作业流程

1）定显示区

定显示区的作用是根据输入坐标数据文件的数据大小定义屏幕显示区域的大小，以保证所有点可见。

首先移动鼠标至〖绘图处理〗项，按左键，即出现如图 3－19 下拉菜单。

图 3－19　数据处理下拉菜单

然后选择〖定显示区〗项，按左键，即出现一个对话窗如图 3－20 所示。

这时，需输入碎部点坐标数据文件名。可直接通过键盘输入，如在〖文件名(N)：〗(即光标闪烁处)输入 C：\CASS70\DEMO\YMSJ. DAT 后再移动鼠标至〖打开(O)〗处，按左键。也可参考 WINDOWS 选择打开文件的操作方法操作。这时，命令区显示：

最小坐标(米)X＝87.315，Y＝97.020

最大坐标(米)X＝221.270，Y＝200.00

2)选择测点点号定位成图法

移动鼠标至屏幕右侧菜单区之〖测点点号〗项，按左键，即出现图 3－20 所示的对话框。

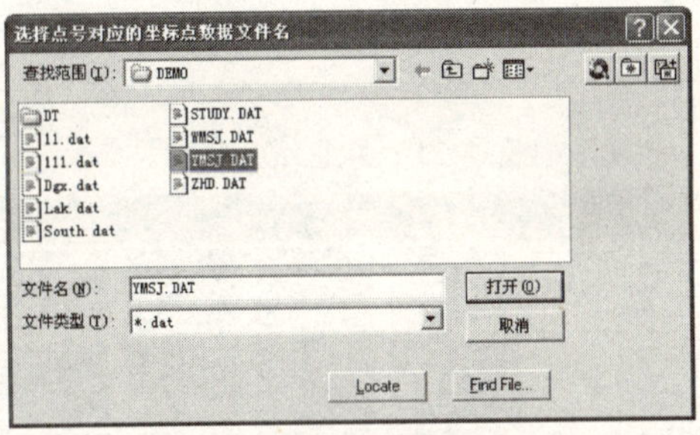

图 3－20　选择测点点号定位成图法的对话框

输入点号坐标点数据文件名 C：\CASS70\DEMO\YMSJ. DAT 后，命令区提示：

读点完成！共读入 60 点。

3)绘平面图

根据野外作业时绘制的草图，移动鼠标至屏幕右侧菜单区选择相应的地形图图式符号，然后在屏幕中将所有的地物绘制出来。系统中所有地形图图式符号都是按照图层来划分的，例如所有表示测量控制点的符号都放在〖控制点〗这一层，所有表示独立地物的符号都放在〖独立地物〗这一层，所有表示植被的符号都放在〖植被园林〗这一层。

① 为了更加直观地在图形编辑区内看到各测点之间的关系，可以先将野外测点点号在屏幕中展出来。其操作方法是：先移动鼠标至屏幕的顶部菜单〖绘图处理〗项按左键，这时系

统弹出一个下拉菜单。再移动鼠标选择〖展点〗项的〖野外测点点号〗项按左键，便出现同图 3－13 所示的对话框。输入对应的坐标数据文件名 C:\CASS70\DEMO\YMSJ.DAT 后，便可在屏幕展出野外测点的点号。

② 根据外业草图，选择相应的地图图式符号在屏幕上将平面图绘出来。

如草图 3－21 所示的，由 33，34，35 号点连成一间普通房屋。因为所有表示房屋的符号都放在〖居民地〗这一层，这时便可移动鼠标至右侧菜单〖居民地〗处按左键，再单击〖一般房屋〗，系统便弹出如图 3－22 所示的对话框。再移动鼠标到〖四点房屋〗的图标处按左键，图标变亮表示该图标已被选中，然后移鼠标至确定处按左键。这时命令区提示：

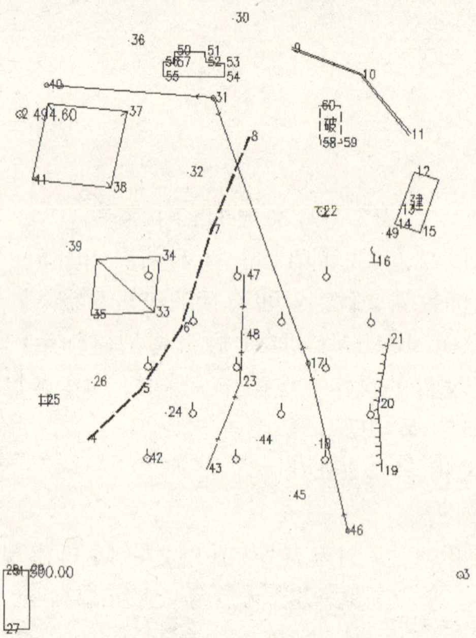

图 3－21　外业作业草图

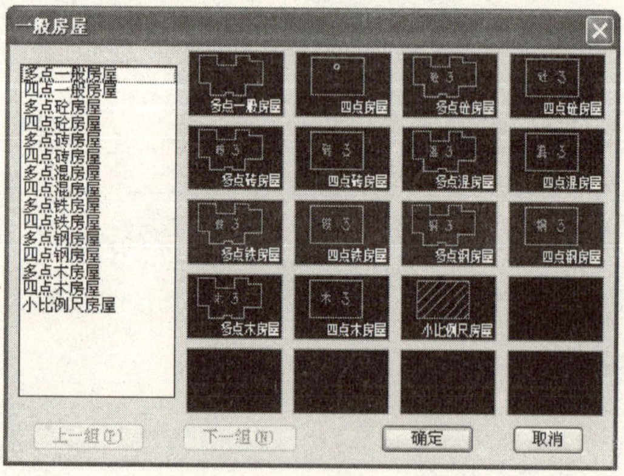

图 3－22　外业作业草图

绘图比例尺 1:输入 1000，回车。

1. 已知三点/2. 已知两点及宽度/3. 已知四点 <1>:输入 1，回车(或直接回车默认选 1)。

说明:已知三点是指测矩形房子时测了三个点;已知两点及宽度则是指测矩形房子时测了二个点及房子的一条边;已知四点则是测了房子的四个角点。

点 P/ <点号> 输入 33，回车。

说明：点 P 是指由您根据实际情况在屏幕上指定一个点；点号是指绘地物符号定位点的点号（与草图的点号对应），此处使用点号。

点 P/ <点号> 输入 34，回车。

点 P/ <点号> 输入 35，回车。

这样，即将 33，34，35 号点连成一间普通房屋。

注意：

⑴ 当房子是不规则的图形时，可用〖实线多点房屋〗或〖虚线多点房屋〗来绘；

⑵ 绘房子时，输入的点号必须按顺时针或逆时针的顺序输入，如上例的点号按 34，33，35 或 35，33，34 的顺序输入，否则绘出来房子就不对。

重复上述操作，将 37，38，41 号点绘成四点棚房；60，58，59 号点绘成四点破坏房子；12，14，15 号点绘成四点建筑中房屋；50，51，53，54，55，56，57 号点绘成多点一般房屋；27，28，29 号点绘成四点房屋。

同样在〖居民地〗层找到〖依比例围墙〗的图标，将 9，10，11 号点绘成依比例围墙的符号；在〖居民地〗层找到〖篱笆〗的图标将 47，48，23，43 号点绘成篱笆的符号。完成这些操作后，其平面图如图 3－23 所示。

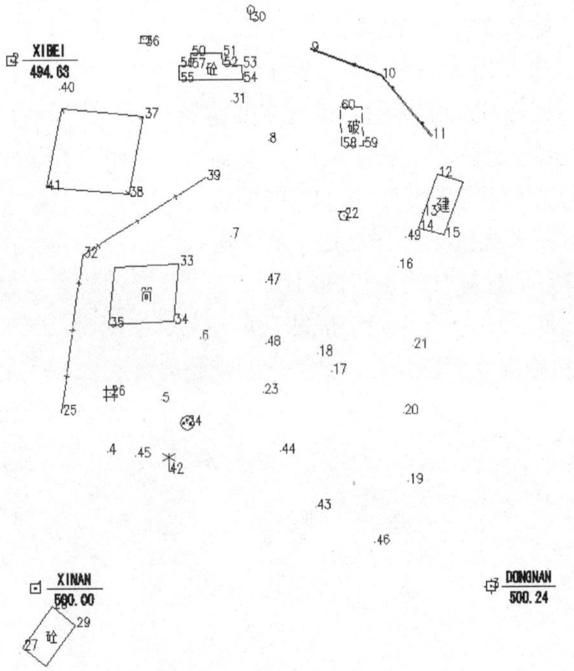

图 3－23　在居民地图层绘的平面图

再把草图中的 19，20，21 号点连成一段陡坎，其操作方法：先移动鼠标至右侧屏幕菜单〖地貌土质〗处按左键（因为表示陡坎的符号放在〖地貌土质〗这一层），再单击〖坡坎〗，这时系统便弹出如图 3－24 所示的对话框。

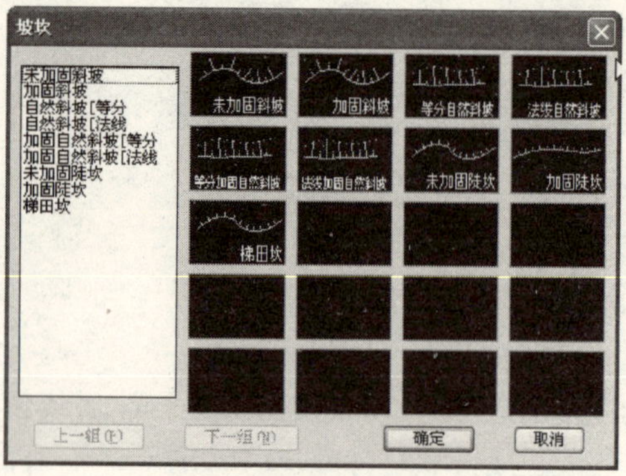

图 3－24　〖坡坎〗对话框图例

移鼠标到表示未加固陡坎符号的图标处按左键选择其图标，再移鼠标到确定处按左键确认所选择的图标。命令区便分别出现以下的提示：

请输入坎高，单位：米 <1.0>：输入坎高，回车(直接回车默认坎高 1 米)。

说明：在这里输入的坎高(实测得的坎顶高程)，系统将坎顶点的高程减去坎高得到坎底点高程，这样在建立(DTM)时，坎底点便参与组网的计算。

点 P/ <点号>：输入 19，回车。

点 P/ <点号>：输入 20，回车。

点 P/ <点号>：输入 21，回车。

点 P/ <点号>：回车或按鼠标的右键，结束输入。

注：如果需要在点号定位的过程中临时切换到坐标定位，可以按〖P〗键，这时进入坐标定位状态，想回到点号定位状态时再次按〖P〗键即可。

拟合吗？<N>回车或按鼠标的右键，默认输入 N。

说明：拟合的作用是对复合线进行圆滑。

这时，便在 19，20，21 号点之间绘成陡坎的符号，如图 3－25 所示。注意：陡坎上的坎毛生成在绘图方向的左侧。

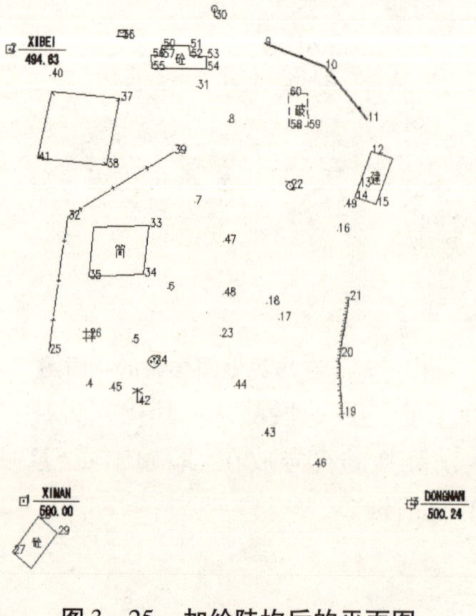

图 3－25　加绘陡坎后的平面图

这样，重复上述的操作便可以将所有测点用地图图式符号绘制出来。在操作的过程中，您可以嵌用 CAD 的透明命令，如放大显示、移动图纸、删除、文字注记等。

(2)〖坐标定位〗法作业流程

1)定显示区

此步操作与〖点号定位〗法作业流程的〖定显示区〗的操作相同。

2)选择坐标定位成图法

移动鼠标至屏幕右侧菜单区之〖坐标定位〗项，按左键，即进入〖坐标定位〗项的菜单。如果刚才在〖测点点号〗状态下，可通过选择〖CASS7.0 成图软件〗按钮返回主菜单之后再进入〖坐标定位〗菜单。

3)绘平面图

与〖点号定位〗法成图流程类似，需先在屏幕上展点，根据外业草图，选择相应的地图图式符号在屏幕上将平面图绘出来，区别在于不能通过测点点号来进行定位了。仍以作居民地为例讲解。移动鼠标至右侧菜单〖居民地〗处按左键，系统便弹出如图 3－22 所示的对话框。再移动鼠标到〖四点房屋〗的图标处按左键，图标变亮表示该图标已被选中，然后移鼠标至确定处按左键。这时命令区提示：

1. 已知三点/2. 已知两点及宽度/3. 已知四点 <1>:输入 1，回车(或直接回车默认选 1)。

输入点:移动鼠标至右侧屏幕菜单的〖捕捉方式〗项，击左键，弹出如图 3－26 所示的对话框。再移动鼠标到〖NOD〗(节点)的图标处按左键，图标变亮表示该图标已被选中，然后移鼠标至确定处按左键。这时鼠标靠近 33 号点，出现黄色标记，点击鼠标左键，完成捕捉工作。

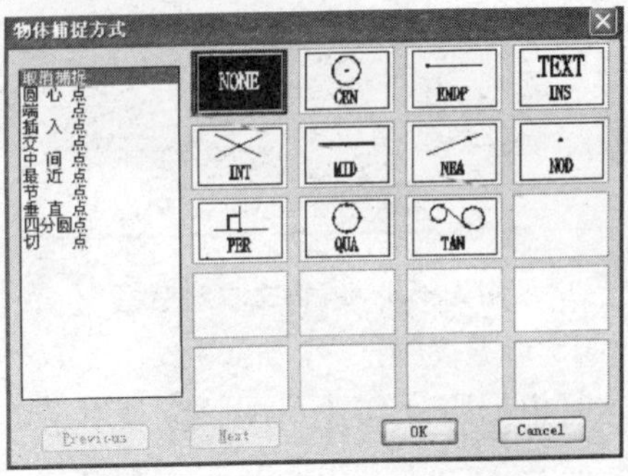

图 3－26 〖捕捉方式〗选项

输入点:同上操作捕捉 34 号点。

输入点:同上操作捕捉 35 号点。

这样，即将 33，34，35 号点连成一间普通房屋。

注意:在输入点时，嵌套使用了捕捉功能，选择不同的捕捉方式会出现不同形式的黄颜色光标，适用于不同的情况。

命令区要求〖输入点〗时，也可以用鼠标左键在屏幕上直接点击，为了精确定位也可输入实地坐标。下面以〖路灯〗为例进行演示。移动鼠标至右侧屏幕菜单〖独立地物〗处按左键(因为表示路灯的符号放在〖独立地物〗这一层)，再单击〖公共设施〗，这时系统便弹出〖公共设施〗对话框，如图 3－27 所示，移动鼠标到〖路灯〗的图标处按左键，图标变亮表示该图标已被选中，然后移鼠标至确定处按左键。这时命令区提示：

输入点:输入 143.35，159.28，回车。

这时就在(143.35，159.28)处绘好了一个路灯。

注意:随着鼠标在屏幕上移动，左下角提示的坐标实时变化。

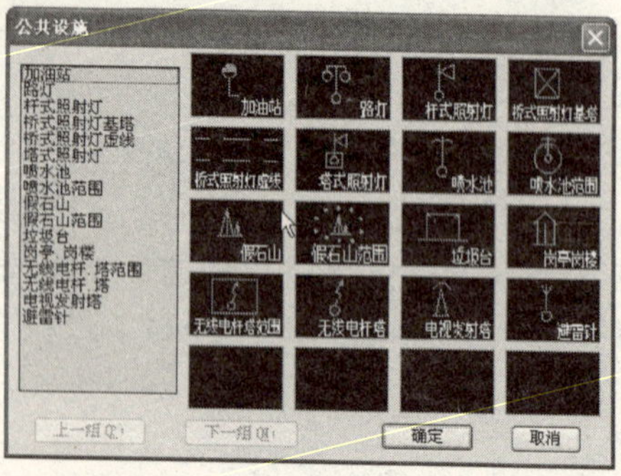

图 3－27 〖公共设施〗对话框图例

(2)〖编码引导〗法作业流程

此方式也称为〖编码引导文件＋无码坐标数据文件自动绘图方式〗。

1)编辑引导文件

① 移动鼠标至绘图屏幕的顶部菜单，选择〖编辑〗的〖编辑文本〗项，该处以高亮度(深蓝)显示，按左键，屏幕命令区出现如图 3－28。

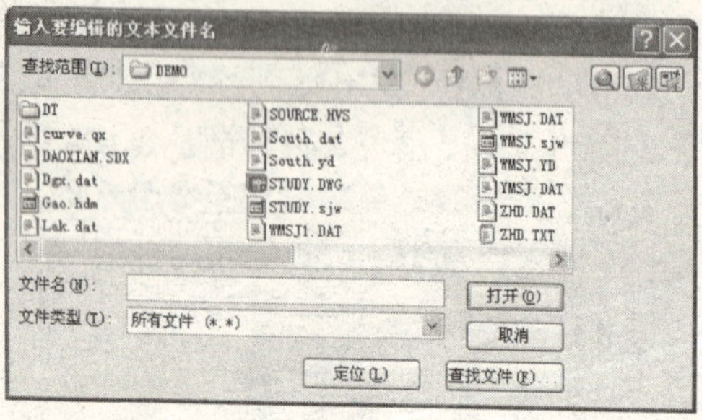

图 3－28 编辑文本对话框

以 C:\CASS70\DEMO\WMSJ.YD 为例。

屏幕上将弹出记事本，这时根据野外作业草图，参考附录 A 的地物代码以及文件格式，编辑好此文件。

② 移动鼠标至〖文件(F)〗项，按左键便出现文件类操作的下拉菜单，然后移动鼠标至〖退出(X)〗项，

A 每一行表示一个地物；

B 每一行的第一项为地物的〖地物代码〗，以后各数据为构成该地物的各测点的点号(依连接顺序的排列)；

C 同行的数据之间用逗号分隔；

D 表示地物代码的字母要大写；

E 用户可根据自己的需要定制野外操作简码，通过更改 C:\CASS70\SYSTEM\JCODE.DEF 文件即可实现，具体操作见本手册附录 A。

2)定显示区

此步操作与〖点号定位〗法作业流程的〖定显示区〗的操作相同。

3)编码引导

编码引导的作用是将〖引导文件〗与〖无码的坐标数据文件〗合并生成一个新的带简编码格式的坐标数据文件。这个新的带简编码格式的坐标数据文件在下一步〖简码识别〗操作时将要用到。

①移动鼠标至绘图屏幕的最上方，选择〖绘图处理〗项，按左键。

②移动鼠标将光标移至〖编码引导〗项，该处以高亮度(深蓝)显示，按下鼠标左键，即出现如图3－29所示对话窗。输入编码引导文件名C：\CASS70\DEMO\WMSJ. YD，或通过WINDOWS窗口操作找到此文件，然后用鼠标左键选择〖确定〗按钮。

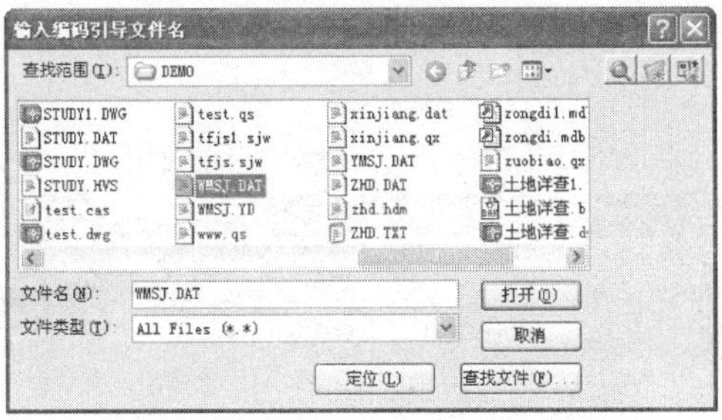

图3－29　输入编码引导文件

③接着，屏幕出现图3－30所示对话窗。要求输入坐标数据文件名，此时输入C：\CASS70\DEMO\WMSJ. DAT。

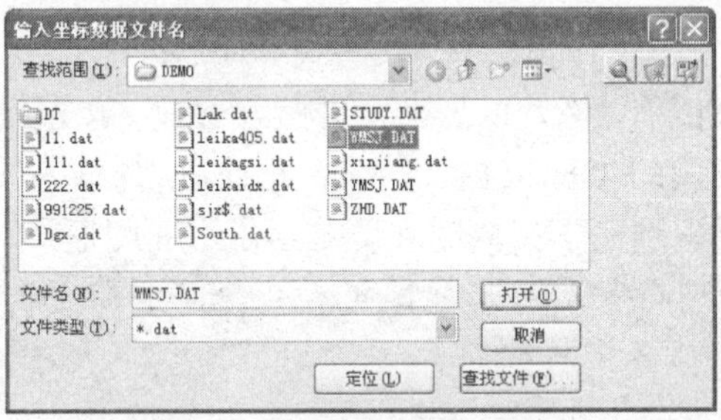

图3－30　输入坐标数据文件

④这时，屏幕按照这两个文件自动生成图形如图3－31所示。

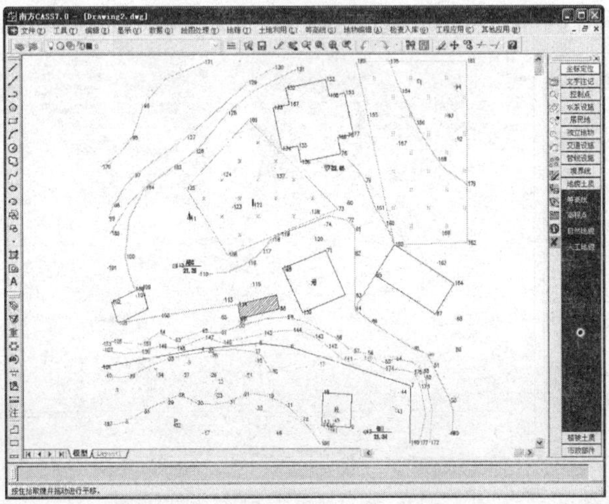

图3－31　编码引导自动绘出图形

3.2.2.2〖简码法〗工作方式

此种工作方式也称作〖带简编码格式的坐标数据文件自动绘图方式〗，与〖草图法〗在野外测量时不同的是，每测一个地物点时都要在电子手簿或全站仪上输入地物点的简编码，简编码一般由一位字母和一或两位数字组成，详情可参考附录 C。

(1)定显示区

此步操作与〖草图法〗中〖测点点号〗定位绘图方式作业流程的〖定显示区〗操作相同。

(2)简码识别

简码识别的作用是将带简编码格式的坐标数据文件转换成计算机能识别的程序内部码(又称绘图码)。

移动鼠标至〖绘图处理〗项，按左键，即可出现下拉菜单。

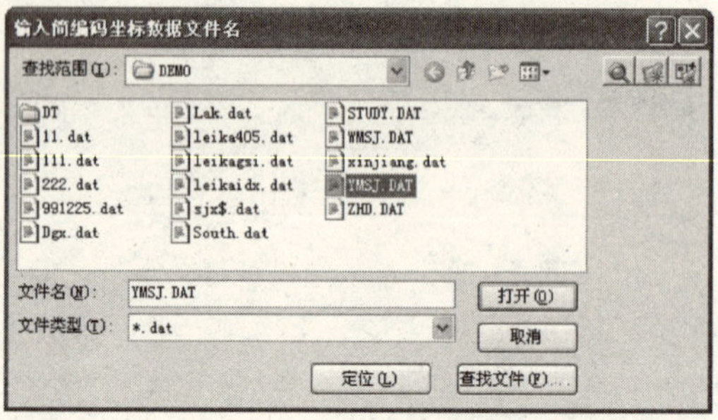

图 3－32　选择简编码文件

移动鼠标至〖简码识别〗项，该处以高亮度(深蓝)显示，按左键，即出现如图 3－32 所示对话窗。输入带简编码格式的坐标数据文件名(此处以 C:\CASS70\DEMO\YMSJ.DAT 为例)。当提示区显示〖简码识别完毕!〗同时在屏幕绘出平面图形，如图 3－33。

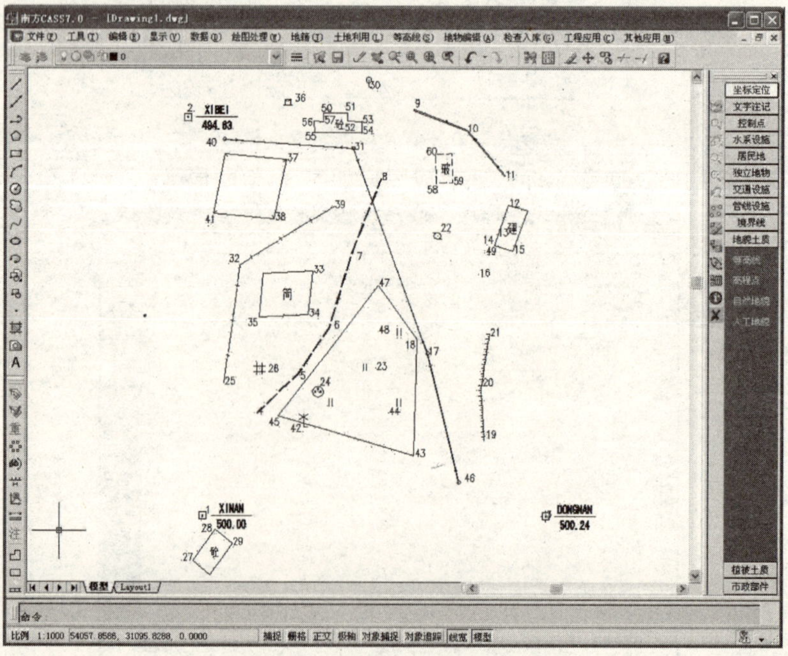

图 3－33　用 YMSJ.DAT 绘的平面图

上面按照清晰的步骤介绍了〖草图法〗、〖简码法〗的工作方法。其中〖草图法〗包括点号定位法、坐标定位法、编码引导法;编码引导法的外业工作也需要绘制草图,但内业通过编辑编码引导文件,将编码引导文件与无码坐标数据文件合并生成带简码的坐标数据文件,其后的操作等效于〖简码法〗,〖简码识别〗时就可自动绘图。如果在平面图的基础上绘制等高线,则参考本学习情境的第三节绘制等高线。如果要编辑平面图(文字注记、图幅整饰等),则参考本学习情境的第四节图形编辑。

3.2.2.3〖测图精灵〗掌上平板成图方式

如果用〖测图精灵〗在外业采集数据,内业将会非常轻松。大体上来说,使用这种作业模式,外业得〖草图〗法的便捷,内业得〖简码〗法的轻松。因为在野外作业时〖测图精灵〗已将大部分地物的属性写进了图形文件,同时采集了坐标数据和原始测量数据(角度和距离)。

在野外作业的过程中,通过点选〖测图精灵〗中的地物来给测得的实体赋属性,发如同在CASS7.0中给实体赋属性一样方便、快捷。当熟练以后,可在很大程度上缩短内业工作时间。

〖测图精灵〗的具体用法请参考本公司出版的《测图精灵用户手册》。

外业数据采集完成后,下一步是将坐标数据和图形数据传输到微机中,用CASS7.0进行处理。

在测完图形后进行保存时,〖测图精灵〗会提示输入文件名,点〖确定〗后在〖测图精灵〗的〖My Documents〗目录下会有扩展名为SPD的文件。

在〖测图精灵〗的〖测量〗菜单项下选择〖坐标输出〗,就可得到CASS7.0的标准坐标数据文件(扩展名为DAT),这个文件可直接在CASS7.0中展点,也可以用来生成等高线,计算土方量等。这个文件和图形文件在同一个目录下,文件名相同,扩展名为DAT。

测图精灵外业结束后,可将SPD文件复制到PC机上,利用CASS7.0进行图形重构即可。具体操作为:

(1)点击菜单命令:数据处理\测图精灵数据格式转换\读入,则CASS系统读入测图精灵生成的*.SPD格式数据,自动进行图形重构并生成DWG格式图形,与此同时还生成原始测量数据文件*.HVS和坐标数据文件*.DAT。

(2)绘制等高线和部分图形编辑。

CASS7.0支持多种多样的作业模式,除了〖草图法〗、〖简码法〗、〖测图精灵〗掌上平板成图以外,还有〖白纸图数字化法〗、〖电子平板法〗,可根据实际情况灵活选择恰当的方法。

3.3 绘制等高线

在地形图中,等高线是表示地貌起伏的一种重要手段。常规的平板测图,等高线是由手工描绘的,等高线可以描绘得比较圆滑但精度稍低。在数字化自动成图系统中,等高线是由计算机自动勾绘,生成的等高线精度相当高。

CASS7.0在绘制等高线时,充分考虑到等高线通过地性线和断裂线时情况的处理,如陡坎、陡涯等。CASS7.0能自动切除通过地物、注记、陡坎的等高线。由于采用了轻量线来生成等高线,CASS7.0在生成等高线后,文件大小比其它软件小了很多。

在绘等高线之前,必须先将野外测的高程点建立数字地面模型(DTM),然后在数字地面模型上生成等高线。

3.3.1 建立数字地面模型

数字地面模型(DTM)，是在一定区域范围内规则格网点或三角网点的平面坐标(x，y)和其地物性质的数据集合，如果此地物性质是该点的高程 Z，则此数字地面模型又称为数字高程模型(DEM)。这个数据集合从微分角度三维地描述了该区域地形地貌的空间分布。DTM 作为新兴的一种数字产品，与传统的矢量数据相辅相成，各领风骚，在空间分析和决策方面发挥越来越大的作用。借助计算机和地理信息系统软件，DTM 数据可以用于建立各种各样的模型解决一些实际问题，主要的应用有：按用户设定的等高距生成等高线图、透视图、坡度图、断面图、渲染图、与数字正射影象 DOM 复合生成景观图，或者计算特定物体对象的体积、表面覆盖面积等，还可用于空间复合、可达性分析、表面分析、扩散分析等方面。

我们在使用 CASS7.0 自动生成等高线时，应先建立数字地面模型。在这之前，可以先〖定显示区〗及〖展点〗，〖定显示区〗的操作与上一节〖草图法〗中〖点号定位〗法的工作流程中的〖定显示区〗的操作相同，出现图 3－20 所示界面要求输入文件名时找到该如下路径的数据文件〖C：\CASS70\DEMO\DGX. DAT〗。展点时可选择〖展高程点〗选项，如图 3－34 所示下拉菜单。

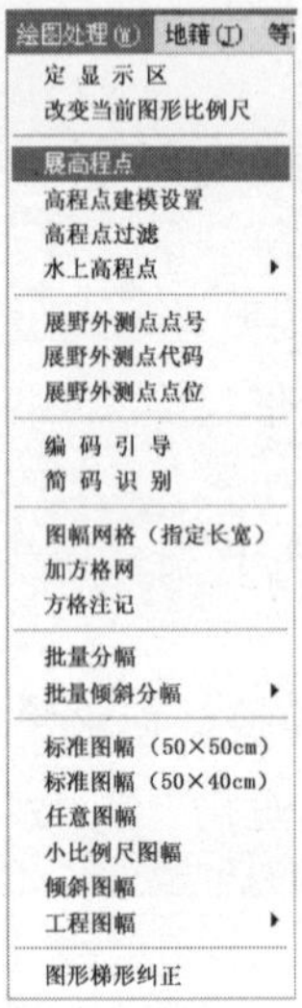

图 3－34　绘图处理下拉菜单

要求输入文件名时在〖C：\CASS70\DEMO\DGX. DAT〗路径下选择〖打开〗DGX. DAT 文件后命令区提示：

注记高程点的距离(米)：根据规范要求输入高程点注记距离(即注记高程点的密度)，回车默认为注记全部高程点的高程。这时，所有高程点和控制点的高程均自动展绘到图上。

(1)移动鼠标至屏幕顶部菜单〖等高线〗项，按左键，出现如图 3－35 所示的下拉菜单。

图 3－35 〖等高线〗的下拉菜单

(2)移动鼠标至〖由数据文件建立 DTM〗项，该处以高亮度(深蓝)显示，按左键，出现如图 3－36 所示对话窗。

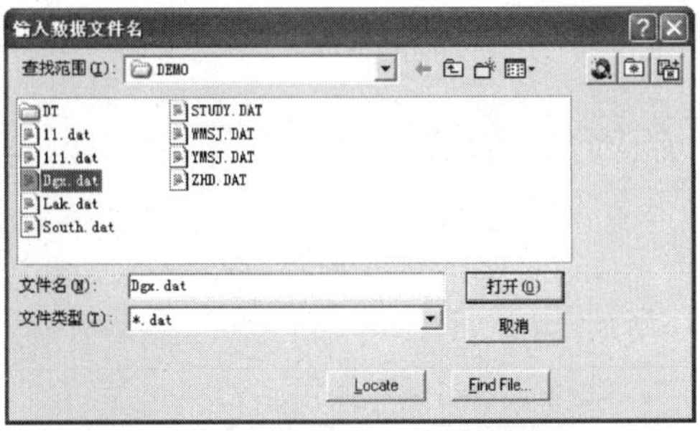

图 3－36 选择建模高程数据文件

这时，输入文件名 C:\CASS70\DEMO\DGX.DAT，选择 DGX.DAT 点击〖打开〗按钮后命令区提示：

请选择：1.不考虑坎高 2.考虑坎高 <1>:回车(默认选 1)。

说明:此处提问在建立三角网时是否要考虑坎高因素。如果要考虑坎高因素，则在建立 DTM 前系统自动沿着坎毛的方向插入坎底点(坎底点的高程等于坎顶线上已知点的高程减去坎高)，这样新建坎底的点便参与三角网组网的计算。因此在建立 DTM 之前必须要先将野外的点位展出来，再用捕捉最近点方式将陡坎绘出来，然后还要赋予陡坎各点坎高。

请选择地性线:(地性线应过已测点，如不选则直接回车)

Select objects:回车(表示不选地性线)。

说明:地性线是过已知点的复合线，如山脊线、山谷线。如有地性线，可用鼠标逐个点取地性线，如地性线很多，可专门新建一个图层放置，提示选择地性线时选定测区所有实体，再输入图层名将地性线挑出来。

请选择：1.显示三角网 2.不显示三角网 <1>:回车(默认选 1)。

说明:显示三角网是将建立的三角网在屏幕编辑区显示出来。如选 1，建完 DTM 后所有三角形同时显示出来，如果不想修改三角网，可以选 2。如果建三角网时考虑坎高或地性线，系统在建三角网时速度会减慢。

命令区提示生成的三角形个数，生成如图3－37所示的三角网。

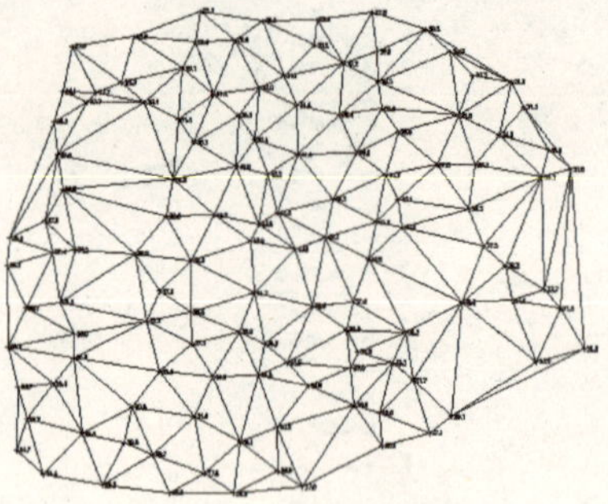

3－37　用DGX.DAT数据建立的三角网

3.3.2 修改数字地面模型

一般情况下，由于地形条件的限制在外业采集的碎部点很难一次性生成理想的等高线，如楼顶上控制点。另外还因现实地貌的多样性和复杂性，自动构成的数字地面模型与实际地貌不太一致，这时可以通过修改三角网来修改这些局部不合理的地方。

(1)删除三角形

如果在某局部内没有等高线通过的，则可将其局部内相关的三角形删除。删除三角形的操作方法是:先将要删除三角形的地方局部放大，再选择〖等高线〗下拉菜单的〖删除三角形〗项，命令区提示Select objects:，这时便可选择要删除的三角形，如果误删，可用〖U〗命令将误删的三角形恢复。删除三角形后如图3－38。

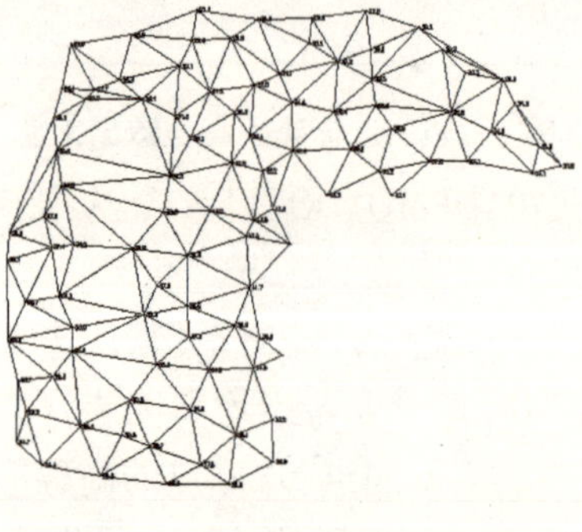

图3－38　将右下角的三角形删除

(2)过滤三角形

可根据用户需要输入符合三角形中最小角的度数或三角形中最大边长最多大于最小边长的倍数等条件的三角形。如果出现CASS7.0在建立三角网后点无法绘制等高线，可过滤掉部分形状特殊的三角形。另外，如果生成的等高线不光滑，也可以用此功能将不符合要求的三角形过滤掉再生成等高线。

(3)增加三角形

如果要增加三角形时，可选择〖等高线〗菜单中的〖增加三角形〗项，依照屏幕的提示在要增加三角形的地方用鼠标点取，如果点取的地方没有高程点，系统会提示输入高程。

(4)三角形内插点

选择此命令后，可根据提示输入要插入的点:在三角形中指定点(可输入坐标或用鼠标直接点取)，提示高程(米) =时，输入此点高程。通过此功能可将此点与相邻的三角形顶点相连构成三角形，同时原三角形会自动被删除。

(5)删三角形顶点

用此功能可将所有由该点生成的三角形删除。因为一个点会与周围很多点构成三角形，如果手工删除三角形，不仅工作量较大而且容易出错。这个功能常用在发现某一点坐标错误时，要将它从三角网中剔除的情况下。

(6)重组三角形

指定两相邻三角形的公共边，系统自动将两三角形删除，并将两三角形的另两点连接起来构成两个新的三角形，这样做可以改变不合理的三角形连接。如果因两三角形的形状特殊无法重组，会有出错提示。

(7)删三角网

生成等高线后就不再需要三角网了，这时如果要对等高线进行处理，三角网比较碍事，可以用此功能将整个三角网全部删除。

(8)修改结果存盘

通过以上命令修改了三角网后，选择〖等高线〗菜单中的〖修改结果存盘〗项，把修改后的数字地面模型存盘。这样，绘制的等高线不会内插到修改前的三角形内。

注意:修改了三角网后一定要进行此步操作，否则修改无效!

当命令区显示:存盘结束！时，表明操作成功。

3.3.3 绘制等高线

完成本节的第一、二步准备操作后，便可进行等高线绘制。等高线的绘制可以在绘平面图的基础上叠加，也可以在〖新建图形〗的状态下绘制。如在〖新建图形〗状态下绘制等高线，系统会提示您输入绘图比例尺。

用鼠标选择〖等高线〗下拉菜单的〖绘制等高线〗项，命令区提示:

最小高程为 490.400 米，最大高程为 500.230 米

请输入等高距〈单位:米〉:根据比例尺，按图式规范的要求输入等高距，例如输入 1，回车。

请选择: 1. 不光滑 2. 张力样条拟合 3. 三次 B 样条拟合 4. SPLINE <1>:选择等高线绘制的方式，例如输入 3，回车。

如果选 1，绘制出来的等高线是折线，是分析三角网得来的最原始图形，在此基础上进行拟合就可得到更光滑的等高线。因此选 2 就是把折线进行张力样条拟合，这时的等高线最忠实于地形，也比折线美观。

三次 B 样条是最优的等高线生成方式，用这种方式生成的等高线最光滑，外观最好，但是会有少许失真，因此，如果你用三次 B 样条生成等高线后，发现等高线没有过整数高程点，就是原因了。但在 5.1 版之后，等高线都可以精确经过整数的高程点。

正在绘图，请稍候!

当命令区显示: 绘制完成!，便完成绘制等高线的工作如图 3 - 39 所示。

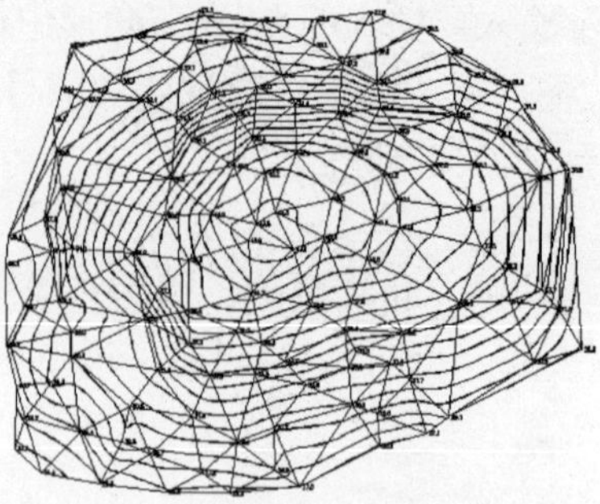

图 3-39　完成绘制等高线的工作

3.3.4 等高线的修饰

(1)注记等高线

用〖窗口缩放〗项得到局部放大图如图 3-40，再选择〖等高线〗下拉菜单之〖等高线注记〗的〖单个高程注记〗项。

命令区提示：

选择需注记的等高(深)线:移动鼠标至要注记高程的等高线位置，如图 3-40 之位置 A，按左键；

依法线方向指定相邻一条等高(深)线:移动鼠标至如图 3-40 之等高线位置 B，按左键。

等高线的高程值即自动注记在 A 处，且字头朝 B 处。

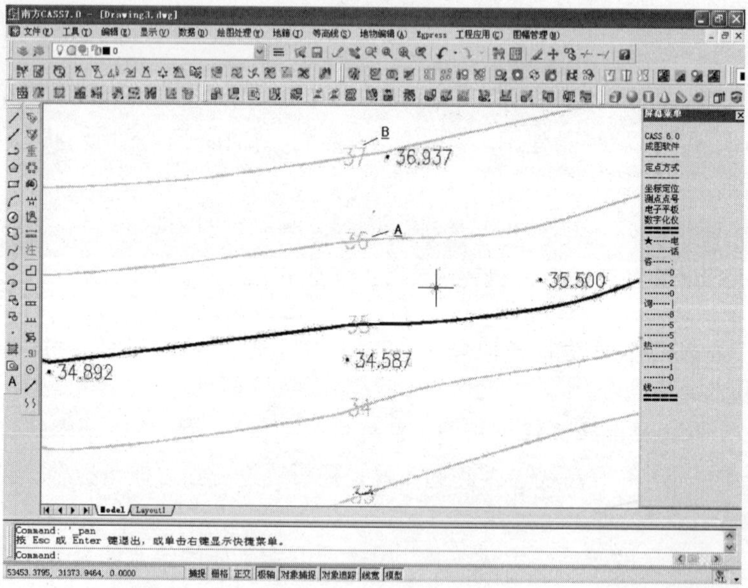

图 3-40　等高线高程注记

(2)切除穿建筑物等高线

鼠标点击〖等高线\等高线修剪\切除穿建筑物等高线〗项，该处以高亮度(深蓝)显示，按左键，进入子菜单。这时，程序自动将等高线穿过房屋的部分切除。

(3)切除穿陡坎等高线

按照制图规范，等高线不应穿过陡坎，在分析 DTM 绘出等高线后，应对穿过了陡坎的等高线进行处理，CASS7.0 提供了自动切除所有等高线穿过指定陡坎的功能。运行此功能，系统提示如下：

请选择:1. 选择陡坎？2. 全部陡坎 <1> 默认选择1，如果直接回车下一步就是选择陡坎，如果选2，系统会自动在图中寻找所有陡坎，无需手工逐个选取。

再次回车，系统将会开始处理，自动将所有等高线与陡坎的重叠部分切除。

(4) 切除穿围墙等高线

程序自动切除所有等高线穿过指定围墙的部分，要注意用鼠标点取围墙时应选围墙骨架线。即白色的线条。

(5) 切除指定二线间等高线

命令区提示：

选择第一条线:用鼠标指定一条线，例如选择公路的一边。

选择第二条线:用鼠标指定第二条线，例如选择公路的另一边。

程序将自动切除等高线穿过此二线间的部分。

(6) 切除穿高程注记等高线

程序自动切除所有等高线穿过高程注记的部分。在注记了高程后，可用此功能将等高线进行处理。

(7) 切除指定区域内等高线

选择一封闭复合线，系统将该复合线内所有等高线切除。注意，封闭区域的边界一定要是复合线，如果不是，系统将无法处理。

(8) 等值线滤波

此功能可在很大程度上给绘好等高线的图形文件减肥。一般的等高线都是用样条拟合的，这时虽然从图上看出来的节点数很少，但事实却并非如此。以高程为38的等高线为例说明，如图3－41。

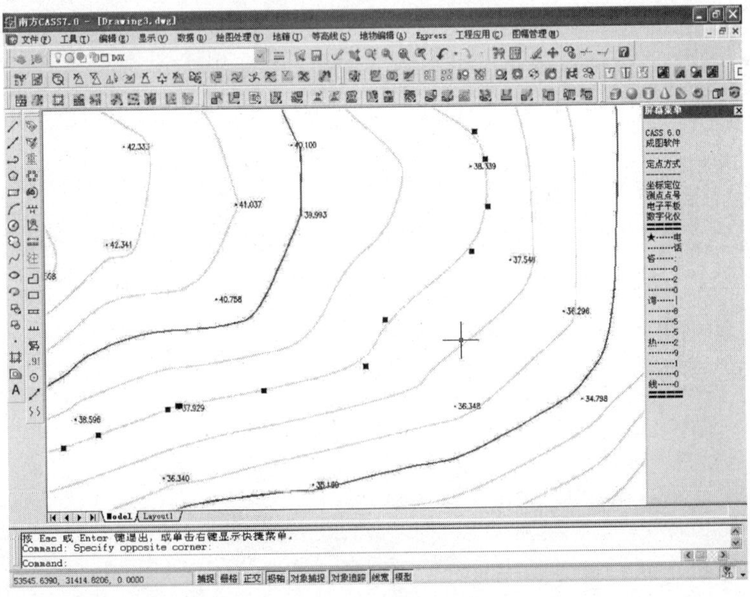

图3－41 剪切前等高线夹持点

选中等高线，你会发现图上出现了一些夹持点，千万不要认为这些点就是这条等高线上实际的点。这些只是样条的锚点。要还原它的真面目，请做下面的操作：

用〖等高线〗菜单下的〖切除穿高程注记等高线〗，然后看结果，如下图 3－42。

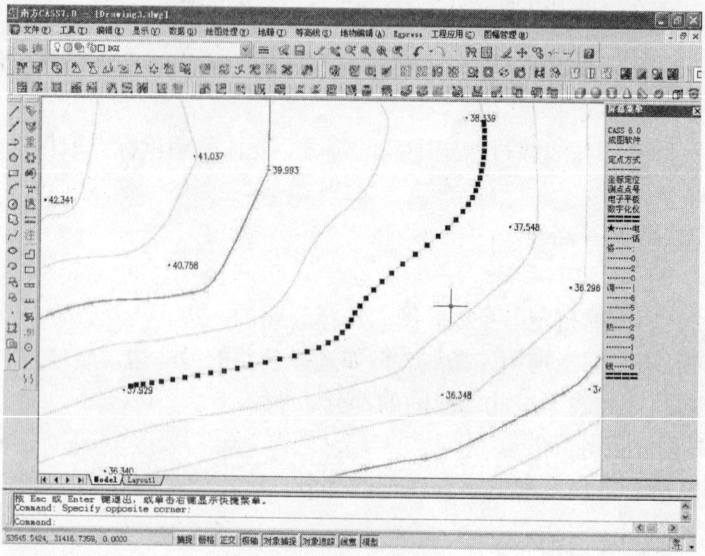

图 3－42　剪切后等高线夹持点

这时，在等高线上出现了密布的夹持点，这些点才是这条等高线真正的特征点，所以如果你看到一个很简单的图在生成了等高线后变得非常大，原因就在这里。如果你想将这幅图的尺寸变小，用〖等值线滤波〗功能就可以了。执行此功能后，系统提示如下：

请输入滤波阀值：<0.5 米>这个值越大，精简的程度就越大，但是会导致等高线失真（即变形），因此，用户可根据实际需要选择合适的值。一般选系统默认的值就可以了。

3.3.5 绘制三维模型

建立了 DTM 之后，就可以生成三维模型，观察一下立体效果。

移动鼠标至〖等高线〗项，按左键，出现下拉菜单。然后移动鼠标至〖绘制三维模型〗项，按左键，命令区提示：

输入高程乘系数<1.0>：输入 5。

如果用默认值，建成的三维模型与实际情况一致。如果测区内的地势较为平坦，可以输入较大的值，将地形的起伏状态放大。因本图坡度变化不大，输入高程乘系数将其夸张显示。

是否拟合？(1)是 (2)否 <1>回车，默认选 1，拟合。

这时将显示此数据文件的三维模型，如图 3－43。

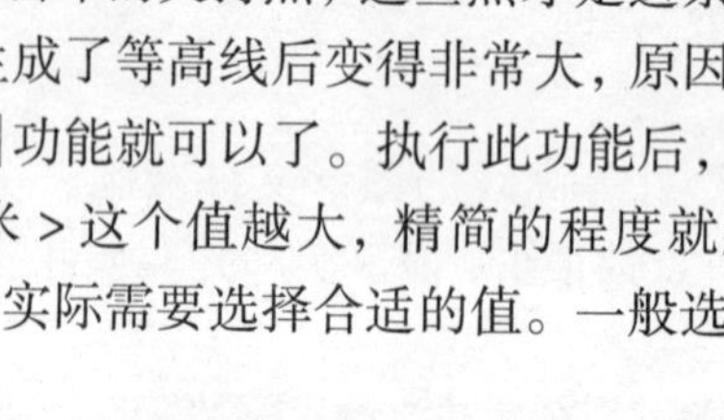

图 3－43　三维效果

另外利用〖低级着色方式〗、〖高级着色方式〗功能还可对三维模型进行渲染等操作，利用〖显示〗菜单下的〖三维静态显示〗的功能可以转换角度、视点、坐标轴，利用〖显示〗菜单下的〖三维动态显示〗功能可以绘出更高级的三维动态效果。以上即是绘制等高线的全过程。

3.4 编辑与整饰

在大比例尺数字测图的过程中，由于实际地形、地物的复杂性，漏测、错测是难以避免的，这时必须要有一套功能强大的图形编辑系统，对所测地图进行屏幕显示和人机交互图形编辑，在保证精度情况下消除相互矛盾的地形、地物，对于漏测或错测的部分，及时进行外业补测或重测。另外，对于地图上的许多文字注记说明，如：道路、河流、街道等也是很重要的。

图形编辑的另一重要用途是对大比例尺数字化地图的更新，可以借助人机交互图形编辑，根据实测坐标和实地变化情况，随时对地图的地形、地物进行增加或删除、修改等，以保证地图具有很好的现势性。

对于图形的编辑，CASS7.0 提供〖编辑〗和〖地物编辑〗两种下拉菜单。其中，〖编辑〗是由 AutoCAD 提供的编辑功能：图元编辑、删除、断开、延伸、修剪、移动、旋转、比例缩放、复制、偏移拷贝等，〖地物编辑〗是由南方 CASS 系统提供的对地物编辑功能：线型换向、植被填充、土质填充、批量删剪、批量缩放、窗口内的图形存盘、多边形内图形存盘等。下面举例说明。

3.4.1 图形重构

通过右侧屏幕菜单绘出一个围墙、一块菜地、一条电力线、一个自然斜坡，如图 3－44。

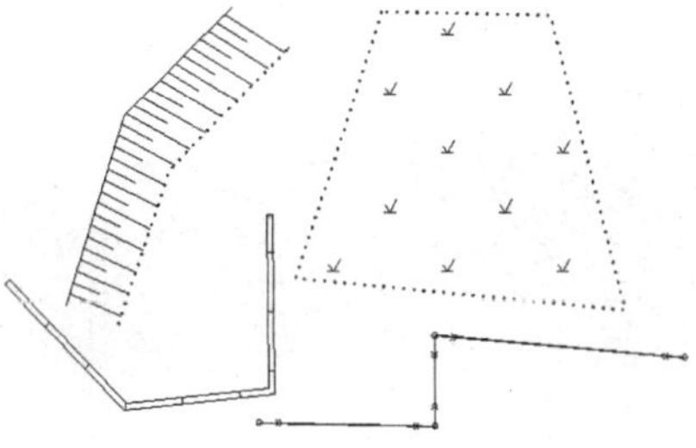

图 3－44 作出几种地物

CASS4.0 以来都设计了骨架线的概念，复杂地物的主线一般都是有独立编码的骨架线。用鼠标左键点取骨架线，再点取显示蓝色方框的结点使其变红，移动到其它位置，或者将骨架线移动位置，效果如图 3－45。

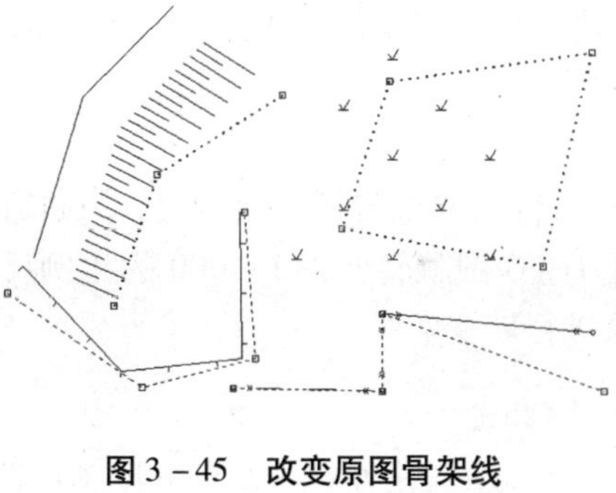

图 3－45 改变原图骨架线

将鼠标移至〖地物编辑〗菜单项，按左键，选择〖图形重构〗功能(也可选择左侧工具条的〖图形重构〗按钮)，命令区提示：

选择需重构的实体：<重构所有实体>回车表示对所有实体进行重构功能。

此时，原图转化为图3－46。

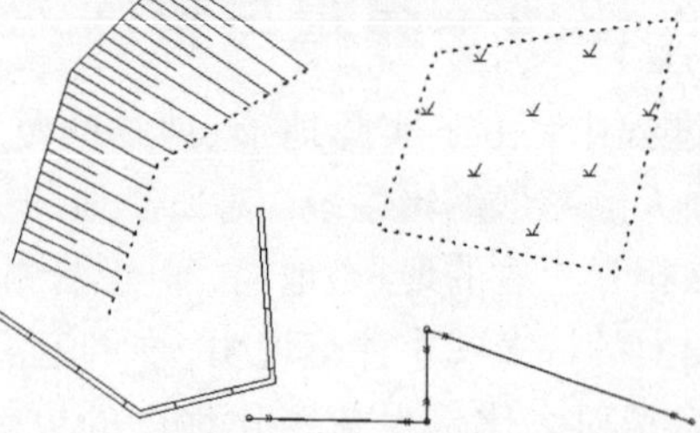

图3－46　对改变骨架线的实体进行图形重构

3.4.2 改变比例尺

将鼠标移至〖文件〗菜单项，按左键，选择〖打开已有图形〗功能，在弹出的窗口中输入〖C:\CASS70\DEMO\STUDY. DWG〗，将鼠标移至〖打开〗按钮，按左键，屏幕上将显示例图STUDY. DWG，如图3－47。

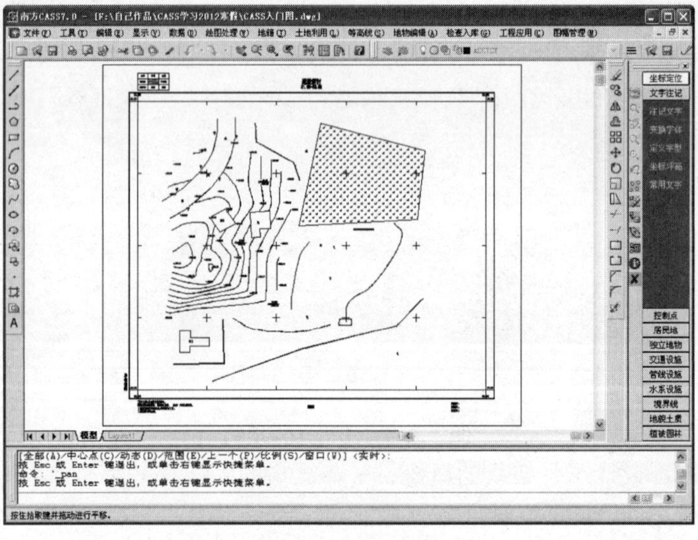

图3－47　例图STUDY. DWG

将鼠标移至〖绘图处理〗菜单项，按左键，选择〖改变当前图形比例尺〗功能，命令区提示：

当前比例尺为1：500

输入新比例尺<1:500>1:输入要求转换的比例尺，例如输入1000。

这时屏幕显示的STUDY. DWG图就转变为1:1000的比例尺，各种地物包括注记、填充符号都已按1:1000的图示要求进行转变。

3.4.3 查看及加入实体编码

将鼠标移至〖数据处理〗菜单项，点击左键，弹出下拉菜单，选择〖查看实体编码〗项，命令区提示:选择图形实体，鼠标变成一个方框，选择图形，则屏幕弹出如图3－48属性信息，或直接将鼠标其移至多点房屋的线上，则屏幕自动出现该地物属性，如图3－49。

图3－48　查看实体编码

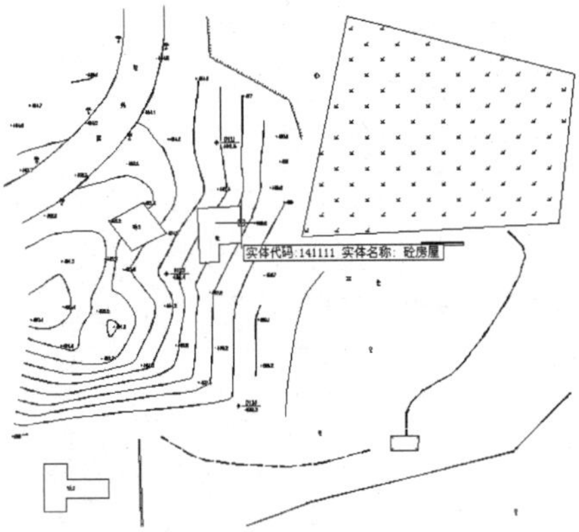

图3－49　自动显示实体属性

将鼠标移至〖数据处理〗菜单项，点击左键，弹出下拉菜单，选择〖加入实体编码〗项，命令区提示：

输入代码(C)/<选择已有地物>鼠标变成一个方框，这时选择下侧的陡坎。

选择要加属性的实体：

Select objects:用鼠标的方框选择多点房屋。

这时原图变为图3－50：

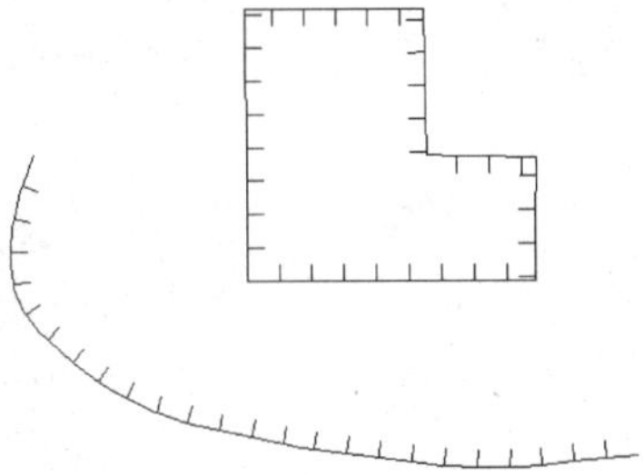

图3－50　通过加入实体编码变换图形

在第一步提示时，也可以直接输入编码(此例中输入未加固陡坎的编码204201)，这样在下一步中选择的实体将转换成编码为204201的未加固陡坎。

3.4.4 线型换向

通过右侧屏幕菜单绘出未加固陡坎、加固斜坡、依比例围墙、栅栏各一个，如图3－51：

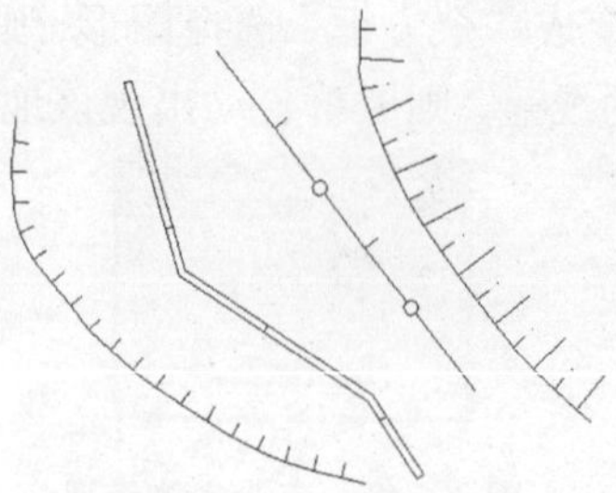

图 3－51　线性换向前

将鼠标移至〖地物编辑〗菜单项，点击左键，弹出下拉菜单，选择〖线型换向〗，命令区提示：

请选择实体将转换为小方框的鼠标光标移至未加固陡坎的母线，点击左键。

这样，该条未加固陡坎即转变了坎的方向。以同样的方法选择〖线型换向〗命令（或在工作区点击鼠标右键重复上一条命令），点击栅栏、加固陡坎的母线，以及依比例围墙的骨架线（显示黑色的线），完成换向功能。结果如图 3－52。

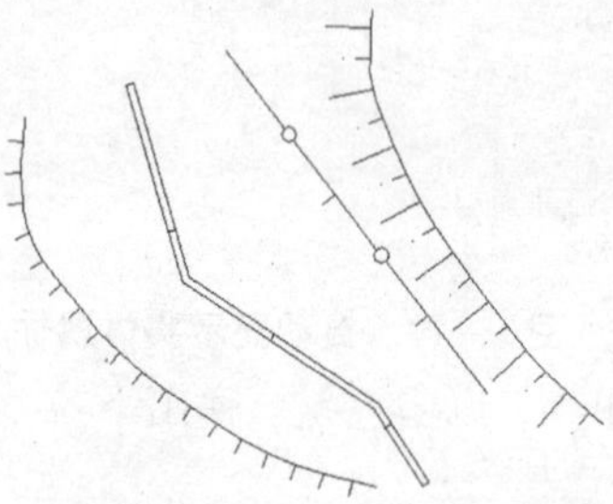

图 3－52　线型换向后

3.4.5 坎高的编辑

通过右侧屏幕菜单的〖地貌土质〗项绘一条未加固陡坎，在命令区提示输入坎高:（米）< 1.000 >时，回车默认 1 米。

将鼠标移至〖地物编辑〗菜单项，点击左键，弹出下拉菜单，选择〖修改坎高〗，则在陡坎的第一个结点处出现一个十字丝，命令区提示：

选择陡坎线

请选择修改坎高方式：(1)逐个修改 (2)统一修改 <1>

当前坎高 =1.000 米，输入新坎高 <默认当前值 >:输入新值，回车(或直接回车默认 1 米)。

十字丝跳至下一个结点，命令区提示：

当前坎高 =1.000 米，输入新坎高 <默认当前值 >:输入新值，回车(或直接回车默认 1 米)。

如此重复，直至最后一个结点结束。这样便将坎上每个测量点的坎高进行了更改。

若选择修改坎高方式中选择 2，则提示：

请输入修改后的统一坎高：<1.000 > 输入要修改的目标坎高则将该陡坎的高程改为同一个值。

3.4.6 实体附加属性

在图形数据最终进入 GIS 系统的形势下，对于实体本身的一些属性还必须作一些更多更具体的描述和说明，因此给实体增加了一个附加属性，该属性可以由用户根据实际的需要进行设置和添加。

3.4.6.1 设置实体附加属性

如要将居民地中的建筑物加上名称、高度、用途、地理位置等附加属性，则只需将这些属性定义写入 attribute. def 文件中，格式如下：

＊RESRGN，3，面状居民地

CODE，10，6，0，要素代码

name，0，20，0，建筑名称

height，0，10，0，建筑高度

use，0，10，0，建筑用途

addr，0，20，0，地理位置

RESRGN 表示图层名，3 数字表示图层类型为面(1 表示点、2 表示线、3 表示面、4 表示注记)；第二行起每行表示一个属性：第一项为属性代码，第二项为数据类型，第三项为数据字节长度，第四项为小数位数，末项为文字说明。

注：RESRGN 为用户自定义层名，可在 INDEX. INI 文件中设置修改。若改变了 attribute. def 中图层名，则需在 INDEX. INI 中做相应改变。

为用户修改方便，以上的附加属性项添加可以直接在人机交互界面上进行，操作如下：

点击屏幕下拉菜单〖数据\实体附加属性\设置附加属性〗弹出如图 3－53 所示对话框。

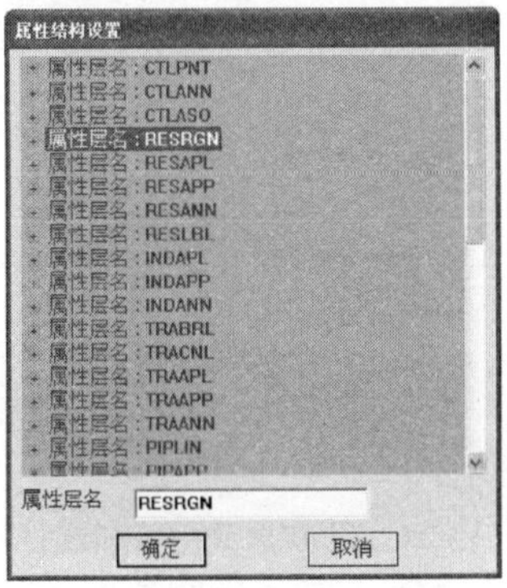

图 3－53　设置附加属性

在该对话框中进行设置同样可以将上面面状居民地的各附加属性写入 Attribute. def 文件中。点击 RESRGN 属性层名的〖＋〗号，出现图 3－54 所示的实体已有属性项名称。

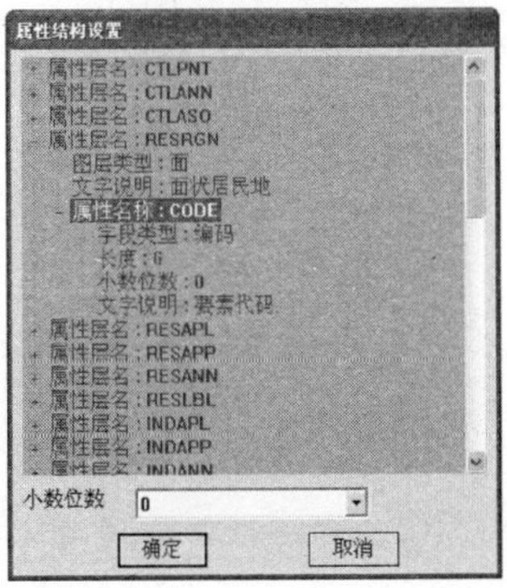

图 3－54　实体附加属性项

在属性名称项上右键单击，出现〖添加\删除〗选项，单击添加，则出现新的未命名的属性项，如图 3－55。

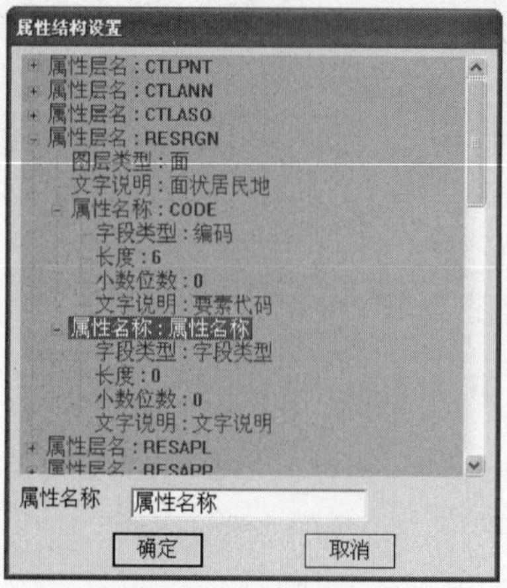

图 3－55　添加实体附加属性项

选中〖属性名称〗，在对话框下方的的文本框输入栏中输入〖NAME〗，依次选择字段类型、长度、小数位数和文字说明项，修改为相应的值，如图 3－56。

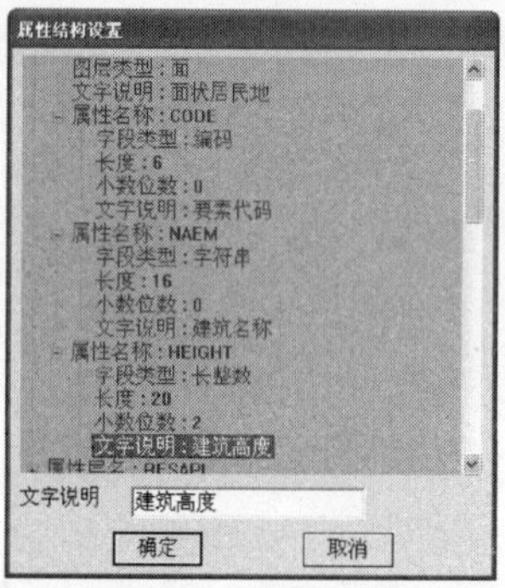

图 3－56　添加居民地附加属性项

同样的方法添加建筑物用途和建筑物地理位置等属性项，然后单击〖确定〗则以上添加的内容写入到 attribute. def 文件中，重启软件则该设置生效。

3.4.6.2 修改实体附加属性

点击屏幕下拉菜单〖数据\实体附加属性\修改附加属性〗后选择要加属性的实体，弹出如图 3－57 所示对话框，上面各属性项为设置附加属性时添加字段。

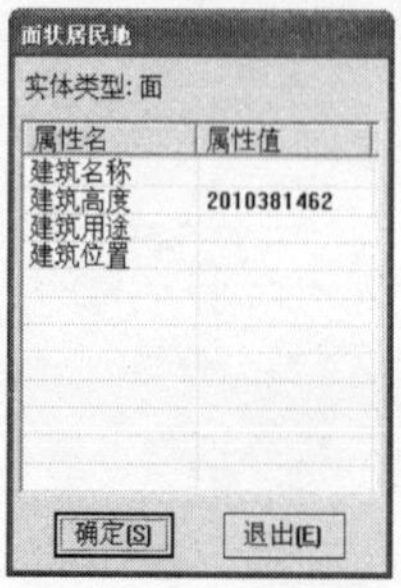

图 3－57　附加属性修改

在各属性项后添加上实际的属性值后点击〖确定〗，则自动保存该实体的附加属，如图3－58所示。该属性进入GIS后可以更方便地查看和识别实体类型和性质。

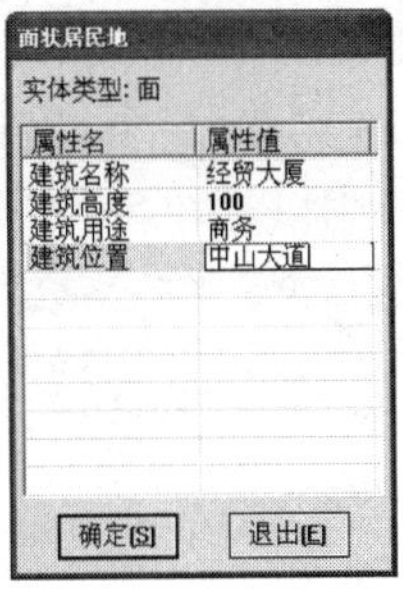

图3－58 修改实体附加属性

3.4.7 图形分幅

在图形分幅前，您应作好分幅的准备工作。您应了解您图形数据文件中的最小坐标和最大坐标。注意:在CASS7.0下侧信息栏显示的数学坐标和测量坐标是相反的，即CASS7.0系统中前面的数为Y坐标(东方向)，后面的数为X坐标(北方向)。

将鼠标移至〖绘图处理〗菜单项，点击左键，弹出下拉菜单，选择〖批量分幅〗，命令区提示:

请选择图幅尺寸:(1)50 * 50 (2)50 * 40 <1>按要求选择。此处直接回车默认选1。

请输入分幅图目录名:输入分幅图存放的目录名，回车。如输入C:\CASS70\demo\。

输入测区一角:在图形左下角点击左键。

输入测区另一角:在图形右上角点击左键。

这样在所设目录下就产生了各个分幅图，自动以各个分幅图的左下角的东坐标和北坐标结合起来命名，如:〖29.50－39.50〗、〖29.50－40.00〗等。如果要求输入分幅图目录名时直接回车，则各个分幅图自动保存在安装了CASS7.0的驱动器的根目录下。

3.4.8 图幅整饰

把图形分幅时所保存的图形打开，选择〖文件〗的〖打开已有图形…〗项，在对话框中输入SOUTH1.DWG文件名，确认后SOUTH1.DWG图形即被打开，如图3－59所示。

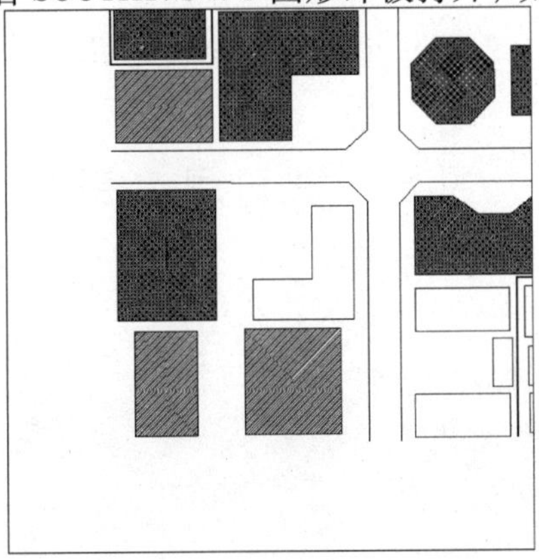

图3－59 打开SOUTH1.DWG的平面图

选择〖文件〗中的〖加入 CASS70 环境〗项。

选择〖绘图处理〗中〖标准图幅(50350CM)〗项显示如图 3－60 所示的对话框。输入图幅的名字、邻近图名、测量员、制图员、审核员，在左下角坐标的〖东〗、〖北〗栏内输入相应坐标，例如此处输入 40000，30000，回车。在〖删除图框外实体〗前打勾则可删除图框外实体，按实际要求选择，例如此处选择打勾。最后用鼠标单击〖确定〗按扭即可。

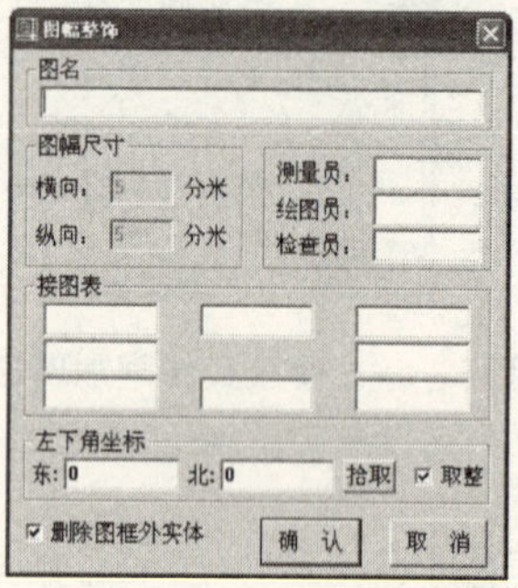

图 3－60　输入图幅信息对话框

因为 CASS7.0 系统所采用的坐标系统是测量坐标，即 1∶1 的真坐标，加入 50X50CM 图廓后如图 3－61 所示。

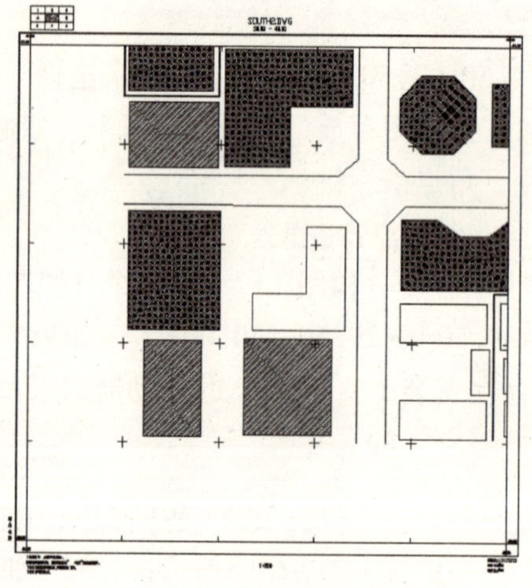

图 3－61　加入图廓的平面图

3.5　复习思考题

(1)测绘地形图需做哪些准备工作?

(2)说明全站仪与微机进行数据通讯的主要步骤。

(3)绘制等高线为什么要建立地面模型?

(4)说明草图工作法的工作方式。

(5)等高线修饰包括哪些内容?

学习情境 4　绘制地籍图

【技能目标】

能使用 CASS7.0 绘制地籍图。

【知识目标】

掌握地籍图相关知识，要素组成及绘制思路。

【内容简介】

本学习情境主要介绍数字地籍成图的绘制或生成过程。如何绘制地籍图〔绘权属图〕，如何绘制宗地图，如何绘制地籍表格，如何管理地籍图中的信息。

【学习重点】

地籍图相关知识，绘制地籍图的过程及如何管理地籍图中的信息。

4.1　绘制地籍图

地籍是土地管理的基础，地籍调查是土地登记规定的必经程序，随着数字化地图的兴起和现代化信息管理的需要，建立城镇数字地籍数据库的工作已经势在必行，而城镇数字地籍调查测量则是建立城镇地籍数据库的基础。为此，国土资源部和各地方土地部门明确要求城镇范围内的土地登记必须以数字地籍调查测量的结果为依据，全面推行现代化，规范化的地籍管理工作。

地籍调查主要包括权属调查和地籍测量两大部分，前者主要工作是由相关人员实地共同认指界址点的位置及对界址点作出正确描述并经本宗邻宗指界人员签名确认。后者主要工作是运用科学手段测定界址点的位置、测算宗地的面积、绘制地籍图等。数字地籍调查测量的任务则是将这两者的工作形成计算机存储的数字、图形、文字信息。

4.1.1 生成平面图

用学习情境 3 介绍过的〖简码识别〗的方法绘出平面图。示例文件 C：\CASS70\DEMO\SOUTH.DAT 是带简编码的坐标数据文件，故可用〖简码法〗来完成。所绘平面图如图 4－1 所示。

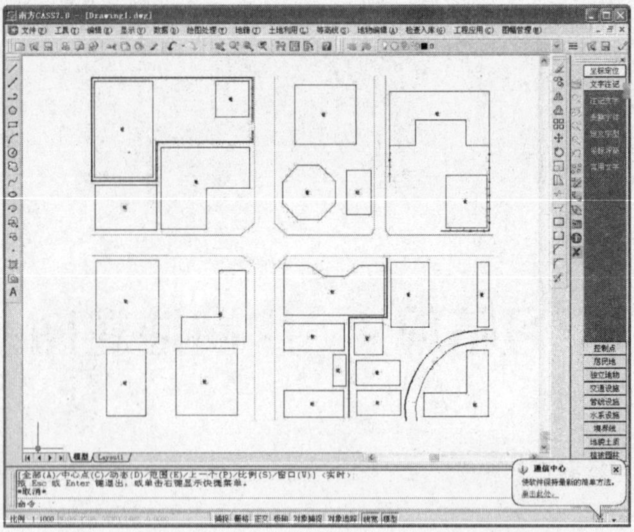

图 4-1 用 SOUTH. DAT 示例数据绘制的平面图

地籍部分的核心是带有宗地属性的权属线，生成权属线有两种方法：一是可以直接在屏幕上用坐标定点绘制，二是通过事前生成权属信息数据文件的方法来绘制权属线。下面将介绍权属信息数据文件的生成方法。

4.1.2 生成权属信息数据文件

权属信息文件可以通过文本方式编辑得到，再使用〖绘图处理\依权属文件绘权属图〗命令绘出权属信息图。

可以通过以下四种方法得到权属信息文件，如图 4-2。

(1)权属合并

权属合并需要用到两个文件：权属引导文件和界址点数据文件。

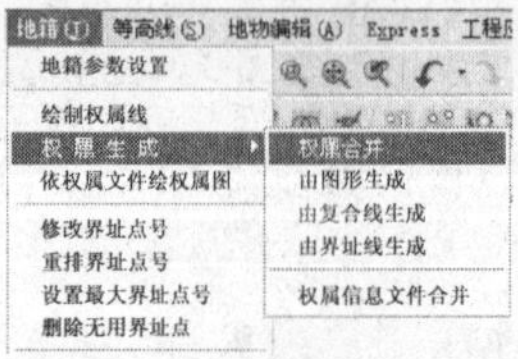

图 4-2 权属生成的四种方法

权属引导文件的格式：

宗地号，权利人，土地类别，界址点号，界址点号，……，界址点号，E(一宗地结束)

宗地号，权利人，土地类别，界址点号，界址点号，……，界址点号，E(一宗地结束)

E(文件结束)

说明：

1)每一宗地信息占一行，以 E 为一宗地的结束符，E 要求大写；

2)编宗地号方法：街道号(地籍区号)+街坊号(地籍子区)+宗地号(地块号)，街道号和街坊号位数可在〖参数设置〗内设置；

3)权利人按实际调查结果输入；

4)土地类别按规范要求输入；

5)权属引导文件的结束符为 E，E 要求大写。

权属引导文件示例如图 4－3 所示。

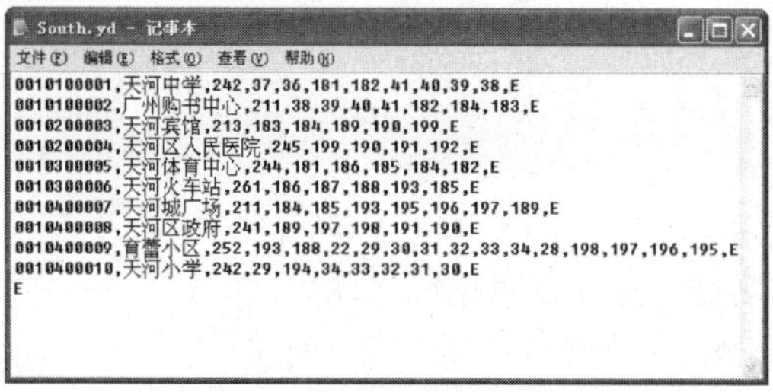
South.yd - 记事本
文件(F) 编辑(E) 格式(O) 查看(V) 帮助(H)
0010100001,天河中学,242,37,36,181,182,41,40,39,38,E
0010100002,广州购书中心,211,38,39,40,41,182,184,183,E
0010200003,天河宾馆,213,183,184,189,190,199,E
0010200004,天河区人民医院,245,199,190,191,192,E
0010300005,天河体育中心,244,181,186,185,184,182,E
0010300006,天河火车站,261,186,187,188,193,185,E
0010400007,天河城广场,211,184,185,193,195,196,197,189,E
0010400008,天河区政府,241,189,197,198,191,190,E
0010400009,育蕾小区,252,193,188,22,29,30,31,32,33,34,28,198,197,196,195,E
0010400010,天河小学,242,29,194,34,33,32,31,30,E
E

图 4－3　权属引导文件格式

如果需要编辑权属文件，可用鼠标点取菜单中〖编辑\编辑文本文件〗命令，参考图 4－3 的文件格式和内容编辑好权属引导文件，存盘返回 CASS 屏幕。

选择〖地籍成图\权属生成\权属合并〗项，系统弹出对话框，提示输入权属引导文件名，如图 4－4。

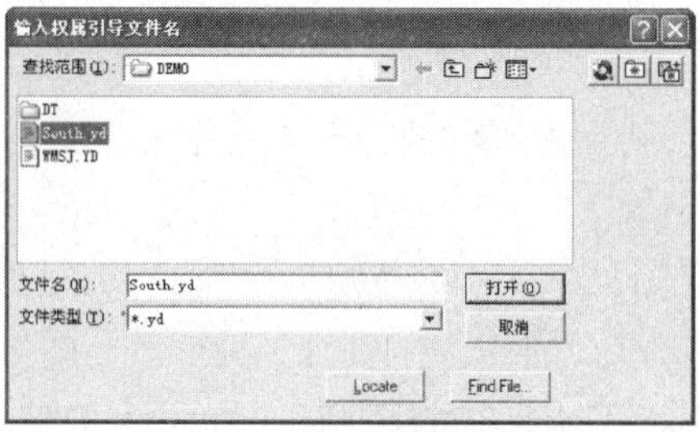

图 4－4　输入权属引导文件

选择上一步生成的权属引导文件，点击〖打开〗按钮。

系统弹出对话框，提示〖输入坐标点(界址点)数据文件名〗，类似上步，选择文件，点〖打开〗按钮。

系统弹出对话框，提示〖输入地籍权属信息数据文件名〗，在这里要直接输入要保存地籍信息的权属文件名。

当指令提示区显示〖权属合并完毕!〗时，表示权属信息数据文件 SOUTHDJ. QS 已自动生成。这时按 F2 键可以看到权属合并的过程。

(2)由图形生成权属

在外业完成地籍调查和测量后，得到界址点坐标数据文件和宗地的权属信息，在内业可以用此功能完成权属信息文件的生成工作。

先用〖绘图处理〗下的〖展野外测点点号〗功能展出外业数据的点号，再选择〖地籍成图\生成权属\由图形生成〗项，命令区提示：

是否绘出界址线?(1)否(2)是 <1>按要求选择，默认选 1，不绘出界址线。

请选择:(1)界址点号按序号累加(2)手工输入界址点号<1>按要求选择，默认选 1。

下面弹出对话框，要求输入地籍权属信息数据文件名，保存在合适的路径下，如果此文件已存在，则提示:文件已存在，请选择(1)追加该文件(2)覆盖该文件<1>按实际情况选择。

输入宗地号:输入 0010100001。

输入权属主:输入〖天河中学〗。

输入地类号:输入 44。

输入点: 打开系统的捕捉功能,用鼠标捕捉到第一个界址点 37

接着,命令行继续提示:

输入点: 等待输入下一点

……

依次选择 39,40,41,182,181,36 点。

输入点: 回车或按空格键,完成该宗地的编辑。

请选择:1、继续下一宗地 2、退出〈1〉:输入 2,回车。

说明:选 1 则重复以上步骤继续下一宗地,选 2 则退出本功能。

这时,权属信息数据文件已经自动生成。以上操作中采用的坐标定位,也可用点号定位。用点号定位时不需要依次用鼠标捕捉到相应点,只需直接输入点号就行了。

进入点号定位的方法是:在屏幕右侧菜单上找到〖测点点号〗,点击,系统弹出对话框,要求输入点号对应的坐标数据文件。输入相应文件即可。

一般可以交叉使用坐标定位和测点点号定位两种方法。

(3)用复合线生成权属

这种方法在一个宗地就是一栋建筑物的情况下特别好用,不然的话就需要先手工沿着权属线画出封闭复合线。

选择〖绘图处理〗菜单之〖用复合线生成权属〗项,输入地籍权属信息数据文件名后,命令区提示:

输入界址号前缀字母: <不要前缀> 直接回车

选择复合线(回车结束): 用鼠标点取一栋封闭建筑物。

输入宗地号:输入〖0010100001〗,回车。

输入权属主:输入〖天河中学〗,回车。

输入地类号:输入〖44〗,回车。

该宗地已写入权属信息文件!

请选择:1、继续下一宗地 2、退出〈1〉:输入 2,回车。

说明:选 1 则重复以上步骤继续下一宗地,选 2 则退出本功能。

(4)用界址线生成权属

如果图上没有界址线,可用〖地籍成图〗子菜单下〖绘制权属线〗生成,如图 4 – 5。

注:在 CASS 中,〖界址线〗和〖权属线〗是同一个概念。

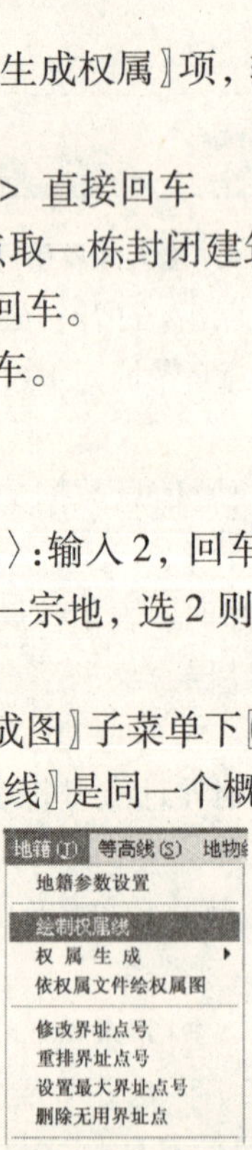

图 4 – 5 绘制权属线菜单

使用此功能时,系统会提示输入宗地边界的各个点。当宗地闭合时,系统将认为宗地已绘制完成,弹出对话框,要求输入宗地号,权属主,地类号等。

输入完成后点〖确定〗按钮，系统会将对话框中的信息写入权属线。

权属线里的信息可以被读出来，写入权属信息文件，这就是由权属线生成权属信息文件的原理。操作步骤如下：

执行〖地藉\权属生成\由界址线生成〗命令后，直接用鼠标在图上批量选取权属线，然后系统弹出对话框，要求输入权属信息文件名。这个文件将用来保存下一步要生成的权属信息。输入文件名后，点保存，权属信息将被自动写入权属信息文件。已有权属线再生成权属信息文件一般是用在统计地籍报表的时候。得到带属性权属线后，可通过〖绘图处理\依权属文件绘权属图〗作权属图。

(5)权属信息文件合并

权属信息文件合并的作用只是将多个权属信息文件合并成一个文件。即将多宗地的信息合并到一个权属信息文件中。这个功能常在需要将多宗地信息汇总时使用。

4.1.3 绘权属地籍图

生成平面图之后，可以用手工绘制权属线的方法绘制权属地籍图，也可通过权属信息文件来自动绘制。

(1)手工绘制

使用〖地籍成图〗子菜单下〖绘制权属线〗功能生成，并选择不注记，可以手工绘出权属线，这种方法最直观，权属线出来后系统立即弹出对话框，要求输入属性，点〖确定〗按钮后系统将宗地号、权利人、地类编号等信息加到权属线里，如图4－6。

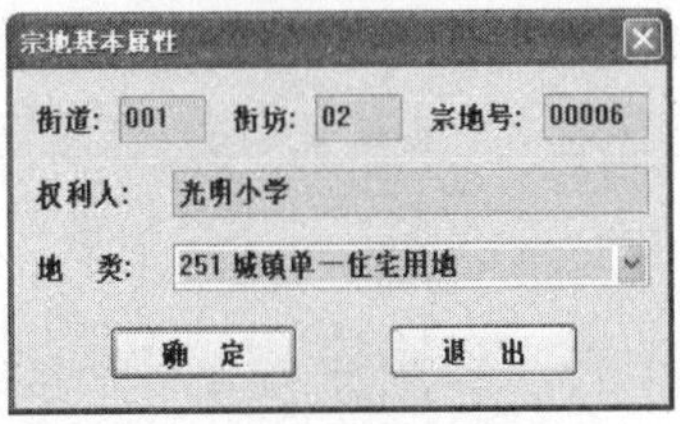

图4－6　加入权属线属性

(2)通过权属信息数据文件绘制

首先可以利用〖地籍成图\地籍参数设置〗功能对成图参数进行设置。

根据实际情况选择适合的注记方式，绘权属线时要作哪些权属注记。如要将宗地号、地类、界址点间距离、权利人等全部注记，则在这些选项前的方格中打上钩，如图4－7所示。

特别要说明的是〖宗地内图形〗中是否满幅的设置。CASS5.0以前的版本没有此项设置，默认均为满幅绘图，根据图框大小对所选宗地图进行缩放，所以有时会出现诸如1:1215这样的比例尺。有些单位在出地籍图时不希望这样的情况出现。他们需要整百或整五十的比例尺。这时，可将〖宗地图内图形〗选项设为〖不满幅〗，再将其上的〖宗地图内比例尺分母的倍数〗设为需要的值。比如：设为50，成图时出现的比例尺只可能是1:(50＊N)，N为自然数。

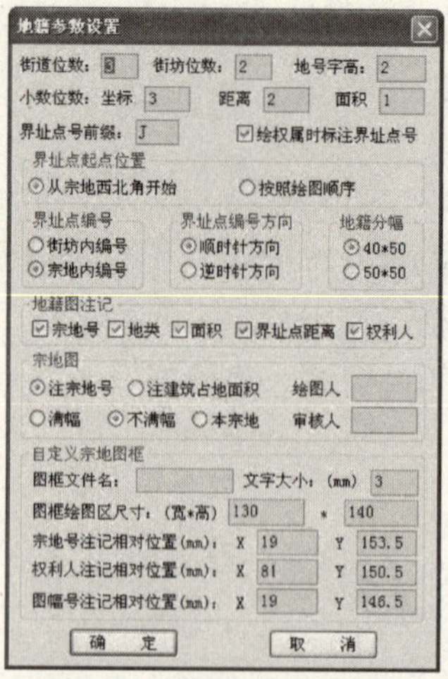

图4-7 地籍参数设置

参数设置完成后，选择〖地籍\依权属文件绘权属图〗，如图4-8所示。

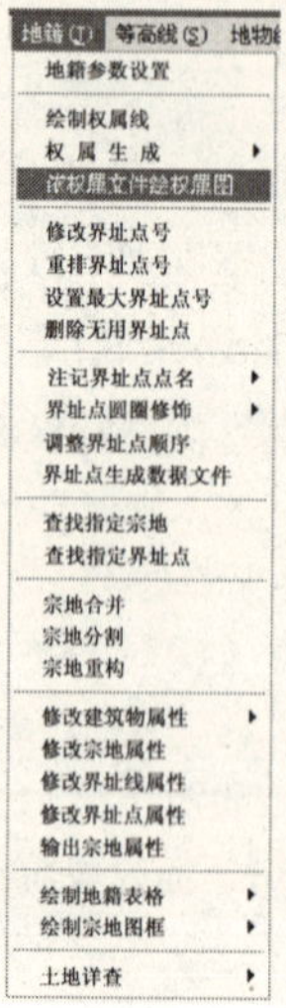

图4-8 〖绘图处理〗下拉菜单

CASS界面弹出要求输入权属信息数据文件名的对话框，这时输入权属信息数据文件，命令区提示：

输入范围(宗地号.街坊号或街道号)<全部>:根据绘图需要，输入要绘制地籍图的范围，默认值为全部。

说明:可通过输入〖街道号×××〗，或输入〖街道号×××街坊号××〗，

或输入〖街道号×××街坊号××宗地号×××××〗，输入绘图范围后程序即自动绘出指定范围的权属图。如:输入0010100001只绘出该宗地的权属图，输入00102将绘出街道号为001街坊号为02的所有宗地权属图，输入001将绘出街道号为001的所有宗地权属图。

最后得到如图4-9所示的图形，存盘为C:\CASS70\DEMO\SOUTHDJ.DWG。

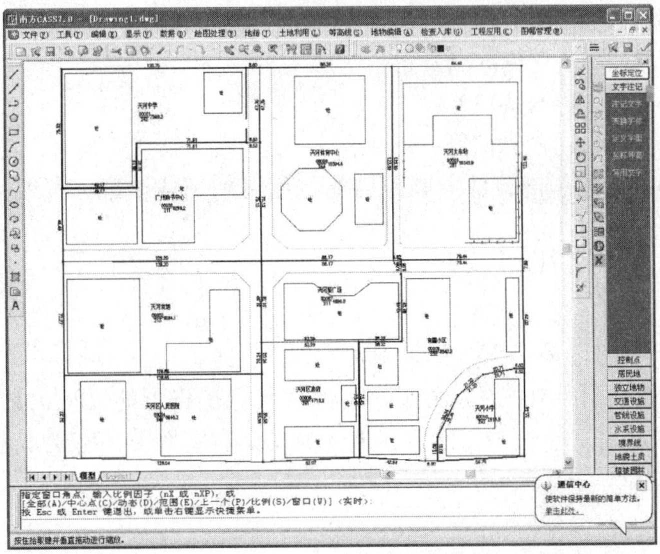

图 4－9　地籍权属图

4.1.4 图形编辑

(1)修改界址点点号

选取〖地籍成图〗菜单下〖修改界址点号〗功能。

屏幕提示：

选择界址点圆圈：点取你要修改的界址点圆圈，也可按住鼠标左键，拖框批量选择。回车，出现如图 4－10 所示的对话框。

图 4－10　修改界址点对话框

对话框的左上角就是要修改点的位置，提示的是它的当前点号，将它修改成所需求的数值，回车。系统会自动在当前宗地中寻找输入的点号。如果当前宗地中已有该点号，系统将弹出对话框，说明该点已存在，如图 4－11 所示。如果输入的点号有效，系统将其写入界址点圆圈的属性中。当选择了多个界址点时，在下一个点的位置将出现图 4－10 所示对话框，当然，点号变成当前点点号。

图 4－11　提示已存在该点

(2)重排界址点号

用此功能可批量修改界址点点号。选取〖地籍成图〗菜单下〖重排界址点号〗功能。

屏幕提示：

选择(1)手工选择要重排的界址点 (2)指定区域边界 <1> 可以重排部分点，也可以选定一个区域，区域内所有界址点号重新编排。

选择对象：

输入界址点号起始值：<1> 在这里输入界址点的起始点号，该点号将被赋予选中的第一个点，按顺时针方向，其它点的点号将依次加1。

排列结束，最大界址点号为 XXX

(3)界址点圆圈修饰(剪切\消隐)

用此功能可一次性将全部界址点圆圈内的权属线切断或消隐。选取〖地籍\界址点圆圈修饰\剪切〗功能。

屏幕提示：

执行本功能后不可存盘！

是否继续？(1)否(2)是 <1> 如果确认要修饰，选2

由于执行本功能后，所有权属线被打断，所以其它操作可能无法正常进行。因此，建议此步操作在成图的最后一步进行，而且，执行本操作后将图形另存为其它文件名或不要存盘。一般来说，在出图前执行此功能。

请等待...

完成后可以检查所有界址点圆圈，发现圆圈内权属线被剪切掉。

选取〖地籍\界址点圆圈修饰\消隐〗功能。屏幕在闪烁片刻即可发现所有的界址点圆圈内的界址线都被消隐，消隐后所有界址线仍然是一个整体，移屏时可以看到圆圈内的界址线。

(4)界址点生成数据文件

用此功能可一次性将全部界址点的坐标读出来，写入坐标数据文件中。

选取〖地籍成图〗菜单下〖界址点生成数据文件〗功能。

屏幕弹出对话框，提示输入生成的坐标数据文件名。输入文件名后点〖确定〗

(1)手工选择界址点 (2)指定区域边界 <1>

如果选1，回车后拖框选择所有要生成坐标文件的界址点。

如果只想生成一定区域内界址点的坐标数据文件，可先用复合线画出区域边界。此步选2，然后点取所画复合线。这时生成的坐标数据文件中只包含区域内的点。

(5)查找指定宗地和界址点

选取〖地籍成图〗菜单下〖查找指定界址点〗功能。

屏幕提示：

输入要查找的界址点号：输入界址点号

回车后，系统在图上寻找所输入的界址点点号，然后，将图进行平移，使得当前点居中显示。同时显示该点的坐标。

X坐标:85.308 Y坐标:96.183

共找到 1 个界址点

如果是查找宗地，用〖查找指定宗地〗功能，并输入宗地名后，系统也会将指定宗地居中显示。

(6)修改界址线属性

CASS5.1版之后，增加了界址线、界址点的属性管理功能，界址线属性中包含本宗地号、邻宗地号，本条界址线地起止界址点编号，图上边长和勘丈边长，界线性质、类别、位置属性，还包括宗地指界人及指界日期等属性。点取〖地藉\修改界址点属性〗，选取宗地一边后弹出如图4－

12 所示对话框。除了可以查看该线当前的性质，还可以按调查的情况添加界址线信息。

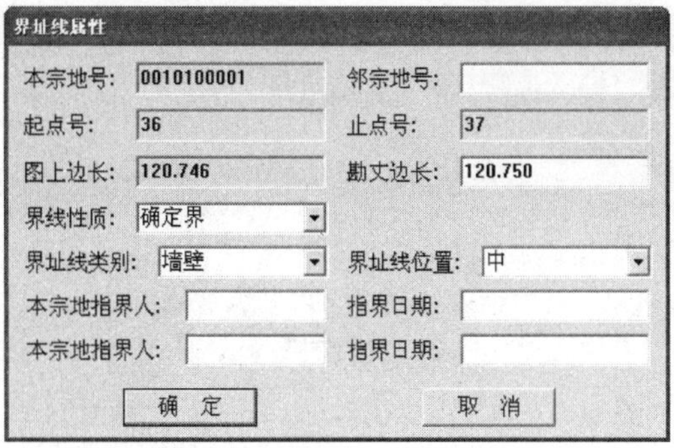

图 4－12　修改界址线属性

(7)修改界址点属性

界址点圆圈中存放界址点号、界标类型和界址点类型等界址点属性。其属性设置如图 4－13 所示。

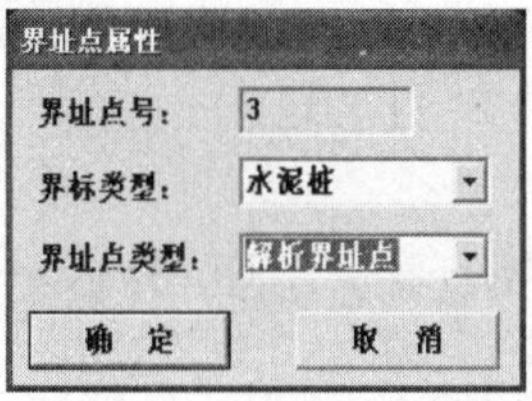

图 4－13　修改界址点属性

4.2　宗地属性处理

(1)宗地合并

宗地合并每次将两宗地合为一宗。选取〖地籍成图〗菜单下〖宗地合并〗功能。

屏幕提示:

选择第一宗地:点取第一宗地的权属线

选择另一宗地:点取第二宗地的权属线

完成后发现，两宗地的公共边被删除。宗地属性为第一宗地的属性。

(2)宗地分割

宗地分割每次将一宗地分割为两宗地。执行此项工作前必须先将分割线用复合线画出来。

选取〖地籍成图〗菜单下〖宗地分割〗功能。

屏幕提示:

选择要分割的宗地:选择要分割宗地的权属线

选择分割线:选择用复合线画出的分割线

回车后原来的宗地自动分为两宗，但此时属性与原宗地相同，需要进一步修改其属性

(3)修改宗地属性

选取〖地籍成图〗菜单下〖修改宗地属性〗功能。

屏幕提示:

选择宗地：用鼠标点取宗地权属线或注记均可。点中后系统出弹出如图 4－14 对话框。

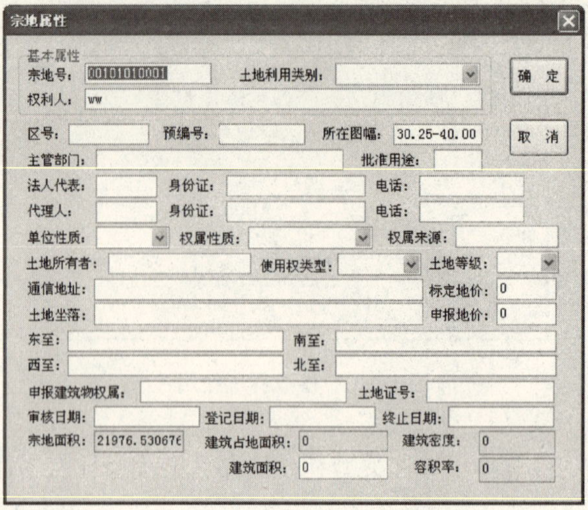

图 4－14　宗地属性对话框

这个对话框是宗地的全部属性，一目了然。

(4)输出宗地属性

输出宗地属性功能可以将上图所示的宗地信息输出到 ACCESS 数据库。选取〖地籍成图〗菜单下〖输出宗地属性〗功能。

屏幕弹出对话框，提示输入 ACCESS 数据库文件名，输入文件名。

请选择要输出的宗地：选取要输出的到 ACCESS 数据库的宗地

选完后回车，系统将宗地属性写入给定的 ACCESS 数据库文件名。用户可自行将此文件用微软的 ACCESS 打开来看看。

4.3　绘制宗地图

在完成上节操作绘制地籍图以后，便可制作宗地图了。具体有单块宗地和批量处理两种方法，两种都是基于带属性的权属线。

4.3.1 单块宗地

该方法可用鼠标划出切割范围。打开图形 C：\CASS70\DEMO\SOUTHDJ. DWG。选择〖绘图处理\宗地图框(可缩放图)\A4 竖\单块宗地〗。

命令区提示：

用鼠标器指定宗地图范围 —— 第一角：用鼠标指定要处理宗地的左下方。

另一角：用鼠标指定要处理宗地的右上方。

用鼠标器指定宗地图框的定位点：屏幕上任意指定一点。

请选择宗地图比例尺：(1)自动确定(2)手工输入 <1> 直接回车默认自动确定比例尺。

是否将宗地图保存到文件？(1)否(2)是 <1> 直接回车默认选 1。

一幅完整的宗地图就画好了，如图 4－15 所示 。

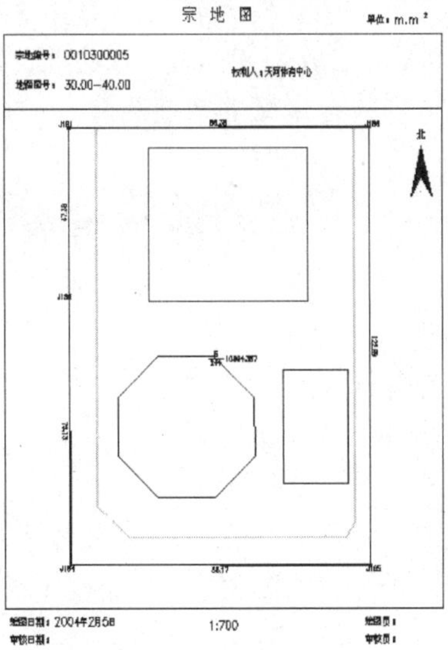

图 4－15 单块宗地图

4.3.2 批量处理

该方法可批量绘出多宗宗地图。

打开 SOUTHDJ. DWG 图形，选择〖绘图处理\宗地图框\A4 竖\批量处理〗。

命令区提示：

用鼠标器指定宗地图框的定位点：指定任一位置。

请选择宗地图比例尺：(1)自动确定(2)手工输入 <1> 直接回车默认选 1。

是否将宗地图保存到文件？(1)否(2)是 <1> 回车默认选 1。

Select objects：用鼠标选择若干条权属线后回车结束，也可开窗全选。

若干幅宗地图画好了，如图 4－16 所示，如果要将宗地图保存到文件，则在所设目录中生成若干个以宗地号命名的宗地图形文件，而且可以选择按实地坐标保存。

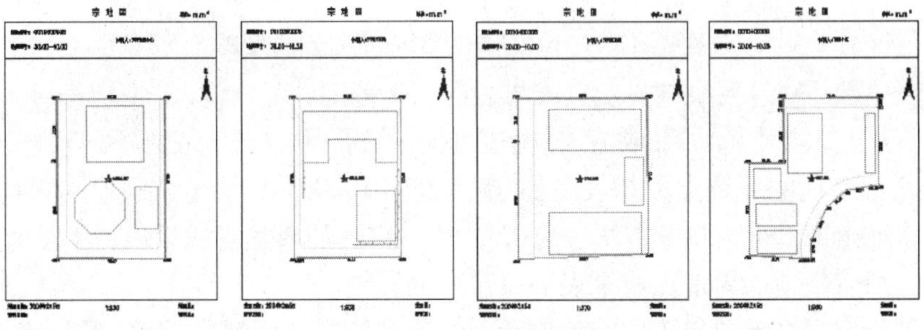

图 4－16 批量作宗地图

另外，用户可以自己定制宗地图框。首先需要新建一幅图，按自己的要求绘制一个合适的宗地图框，并在 C:\CASS70\BLOCKS 目录下保存为合适的图名。然后在〖地籍成图〗下拉菜单下的〖地籍参数设置〗里更改自定义宗地图框里的内容。将图框文件名改为所定义的文件名，设置文字大小和图幅尺寸，输入宗地号、权利人、图幅号各种注记相对于图框左下角的坐标。地籍权属的参数设置参见图 4-7。将地籍权属的参数配置设置好后，就可以使用〖绘图处理〗下拉菜单中的〖宗地图框(可缩放图)\自定义〗功能，此菜单下又分为〖单块宗地〗和〖批量处理〗两种。依此操作即可加入自定义的宗地图框。

4.4 绘制地籍表格

4.4.1 界址点成果表

选择〖绘图处理\绘制地籍表格\界址点成果表〗项，弹出对话框要求输入权属信息数据文件名，输入 C:\CASS70\DEMO\SOUTHDJ. QS。

命令区提示：

输入范围(宗地号.街坊号或街道号)<全部>：例如输入 0010100001。

用鼠标器指定界址点表的定位点：用鼠标指定界址点成果表放置的位置。

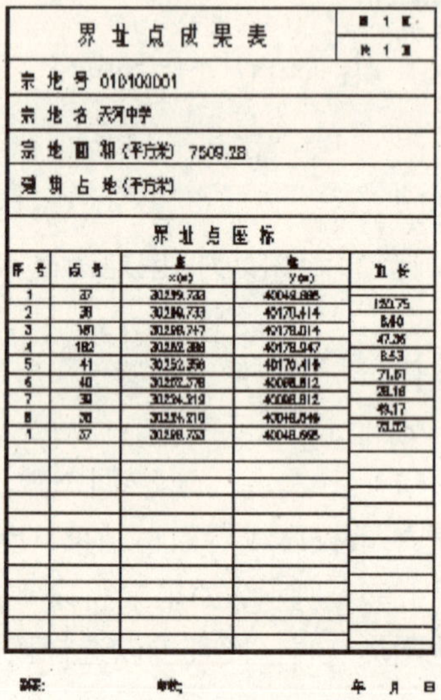

图 4-17 0010100001 宗地的界址点成果表

根据绘图需要，输入要绘制界址点成果表的宗地范围，可以输入〖街道号×××〗，或输入〖街道号×××街坊号××〗，或输入〖街道号×××街坊号××宗地号×××××〗，程序默认值为绘全部宗地的界址点成果表。如：输入 0010100001 只绘出该宗地的界址点成果表，输入 00102 将绘出街道号为 001 街坊号为 02 内所有宗地的界址点成果表，输入 001 将绘出街道号为 001 内所有宗地的界址点成果表。

用鼠标器指定界址点成果表的定位位置，移动鼠标到您所需的位置(鼠标点取的位置即是界址点成果表表格的左下角位置)按下左键，符合范围宗地的界址点成果表随即自动生成，如图 4-17 所示，表格的大小正好为 A4 尺寸。

4.4.2 界址点坐标表

选择〖绘图处理\绘制地籍表格\界址点坐标表〗命令，命令区提示：

输入界址点号前缀字母：<不要前缀>例如输入前缀 J，也可回车默认不要前缀。

请指定表格左上角点：用鼠标点取屏幕空白处一点。

请选择定点方法:1)选取封闭复合线(2)逐点定位 <1>回车默认选1。

选择红线：用鼠标选取图形上一代表权属线的封闭复合线。

表格如图4－18所示。

界址点坐标表

点 号	X	Y	边 长
J1	30299.747	40179.014	
			86.38
J2	30299.860	40265.398	
			122.89
J3	30176.975	40265.402	
			86.17
J4	30177.260	40179.228	
			75.13
J5	30252.386	40178.947	
			47.36
J1	30299.747	40179.014	
S=10594.4平方米合15.8916亩			

图4－18 界址点坐标表

4.4.3 以街坊为单位界址点坐标表

选择〖绘图处理\绘制地籍表格\以街坊为单位界址点坐标表〗命令，则命令区提示：

(1)手工选择界址点 (2)指定街坊边界 <1> 回车默认选1

Select objects：鼠标拉框选择界址点

请指定表格左上角点：屏幕上指定生成坐标表位置

输入每页行数:(20) 默认为20行/页

表格如表4－1所示。

表4－1 以街坊为单位界址点坐标表

序号	点名	X坐标	Y坐标
21	J187	30299.874	40349.797
22	J188	30177.383	40349.756
23	J189	30125.671	40178.789
24	J190	30105.434	40178.789
25	J191	30049.854	40179.074
26	J192	30053.188	40050.074
27	J193	30177.215	40270.317
28	J194	30052.219	40349.630
29	J195	30168.152	40270.296
30	J196	30125.669	40270.296
31	J197	30125.669	40242.080
32	J198	30052.219	40242.103
33	J199	30105.453	40050.144

4.4.4 以街道为单位宗地面积汇总表

选择〖绘图处理\绘制地籍表格\以街道为单位宗地面积汇总表〗项，弹出对话框要求输入权属信息数据文件名，输入 C:\CASS70\DEMO\SOUTHDJ. QS，命令区提示：

输入街道号:输入 001，将该街道所有宗地全部列出。

输入面积汇总表左上角坐标：用鼠标点取要插入表格的左上角点。

出现如表 4-2 的表格。

表 4-2 以街道为单位宗地面积汇总表

________市________区___001___街道

项目 / 地籍号	地类名称（有二级类的列二级类）	地类代号	面积（M^2）	备注
0010100001	教育用地	242	7509.3	
0010100002	商业用地	211	8299.2	
0010200003	餐饮旅馆业用地	213	9284.1	
0010200004	医疗卫生用地	245	6946.3	
0010300005	文体用地	244	10594.4	
0010300006	铁路用地	261	10342.9	
0010400007	商业用地	211	4696.6	
0010400008	机关团体用地	241	4716.9	
0010400009	城镇混合住宅用地	252	9547.9	
0010400010	教育用地	242	2613.8	

4.4.5 城镇土地分类面积统计表

选择〖绘图处理\绘制地籍表格\城镇土地分类面积统计表〗项，命令区提示：

请输入最小统计单位:(1)街道(2)街坊 <1>输入 2。

输入要统计的街道名:输入 001。

弹出对话框要求输入权属信息数据文件名，输入 C:\CASS70\DEMO\SOUTHDJ. QS，命令区提示：

输入分类面积统计表左上角坐标：用鼠标点取要插入表格的左上角点。

绘出表格如表 4-3 所示。

表 4－3

城镇土地分类面积统计表

填表单位： **统计年度：** **面积单位：平方米**

行政单位	城镇土地总面积	农用地						建设用地									未利用地			备注
		合计	耕地	园地	林地	牧草地	其他农用地	合计	商服用地	工矿仓储用地	公用设施用地	公共建筑用地	住宅用地	交通运输用地	水利设施用地	特殊用地	合计	未利用土地	其他土地	
			小计	小计	小计	小计	小计		小计	小计	小计	小计	小计	小计	小计	小计		小计	小计	
		1	11	12	13	14	15	2	21	22	23	24	25	26	27	28	3	31	32	
0010100001	7509.3	0.0	0.0	0.0	0.0	0.0	0.0	7509.3	0.0	0.0	0.0	7509.3	0.0	0.0	0.0	0.0	0.0	0.0	0.0	
0010100002	8299.2	0.0	0.0	0.0	0.0	0.0	0.0	8299.2	8299.2	0.0	0.0	0.0	0.0	0.0	0.0	0.0	0.0	0.0	0.0	
0010100003	9284.1	0.0	0.0	0.0	0.0	0.0	0.0	9284.1	9284.1	0.0	0.0	0.0	0.0	0.0	0.0	0.0	0.0	0.0	0.0	
0010100004	6946.3	0.0	0.0	0.0	0.0	0.0	0.0	6946.3	0.0	0.0	0.0	6946.3	0.0	0.0	0.0	0.0	0.0	0.0	0.0	
0010100005	6946.3	0.0	0.0	0.0	0.0	0.0	0.0	6946.3	0.0	0.0	0.0	6946.3	0.0	0.0	0.0	0.0	0.0	0.0	0.0	
0010100006	10342.9	0.0	0.0	0.0	0.0	0.0	0.0	10342.9	0.0	0.0	0.0	0.0	0.0	10342.9	0.0	0.0	0.0	0.0	0.0	
0010100007	4696.6	0.0	0.0	0.0	0.0	0.0	0.0	4696.6	4696.6	0.0	0.0	0.0	0.0	0.0	0.0	0.0	0.0	0.0	0.0	
0010100008	4716.9	0.0	0.0	0.0	0.0	0.0	0.0	4716.9	0.0	0.0	0.0	4716.9	0.0	0.0	0.0	0.0	0.0	0.0	0.0	
0010100009	9547.9	0.0	0.0	0.0	0.0	0.0	0.0	9547.9	0.0	0.0	0.0	0.0	9547.9	0.0	0.0	0.0	0.0	0.0	0.0	
0010100010	2613.8	0.0	0.0	0.0	0.0	0.0	0.0	2613.8	0.0	0.0	0.0	2613.8	0.0	0.0	0.0	0.0	0.0	0.0	0.0	

4.4.6 街道面积统计表

选择〖绘图处理\绘制地籍表格\街道面积统计表〗项，弹出对话框要求输入权属信息数据文件名，输入 C:\CASS70\DEMO\SOUTHDJ.QS，绘制出如表 4-4 所示街道面积统计表。由于本例使用的权属信息数据文件只有一个街道，故表中只有一行，街道名栏可手工添入。

命令区提示：

输入面积统计表左上角坐标：用鼠标点取要插入表格的左上角点。

表 4-4　街道面积统计表

街道号	街道名	总面积
001		74551.22

4.4.7 街坊面积统计表

选择〖绘图处理\绘制地籍表格\街坊面积统计表〗项，命令区提示：

输入街道号：输入 001。

弹出对话框要求输入权属信息数据文件名，输入 C:\CASS70\DEMO\SOUTHDJ.QS，命令区提示：

输入面积统计表左上角坐标：用鼠标点取要插入表格的左上角点。

作出表格如表 4-5 所示。

表 4-5　001 街道街坊面积统计表

街坊号	街坊名	总面积
00101		15808.50
00102		16230.33
00103		20937.25
00104		21575.14

4.4.8 面积分类统计表

选择〖绘图处理\绘制地籍表格\面积分类统计表〗项，绘制了如表 4-6 所示的面积分类统计表，表中对权属信息数据文件 southdj.qs 中所有的宗地都进行了统计。

命令区提示：

输入街道号：输入 001。

弹出对话框要求输入权属信息数据文件名，输入 C:\CASS70\DEMO\SOUTHDJ.QS，命令区提示：

输入面积分类表左上角坐标：用鼠标点取要插入表格的左上角点。

表 4-6　面积分类统计表

土地类别		面积
代码	用途	
50	住宅用地	9547.89
42	机关、宣传	4716.92

续表

61	铁路	10342.86
41	文、体、娱	10594.39
45	医卫	6946.25
12	旅游业	9284.08
11	商业服务业	12995.80
44	教育	10123.06

4.4.9 街道面积分类统计表

选择〖绘图处理\绘制地籍表格\街道面积分类统计表〗项，命令区提示：

输入街道号：输入001。

弹出对话框要求输入权属信息数据文件名，输入C:\CASS70\DEMO\SOUTHDJ.QS，命令区提示：

输入面积统计表左上角坐标：用鼠标点取要插入表格的左上角点。

由于SOUTHDJ.QS中只有〖001〗一个街道，故生成的表格和表4－1一样。

4.4.10 街坊面积分类统计表

选择〖绘图处理\绘制地籍表格\街坊面积分类统计表〗项，命令区提示：

输入街道街坊号：输入00101。

弹出对话框要求输入权属信息数据文件名，输入C:\CASS70\DEMO\SOUTHDJ.QS，命令区提示：

输入面积统计表左上角坐标：用鼠标点取要插入表格的左上角点。

绘出表格如表4－7所示。

001街道01街坊面积分类统计表

土地类别		面积
代码	用途	
11	商业服务业	8299.25
42	教育	7509.28

4.5　土地详查

土地详查主要用于城镇土地利用情况的统计工作。根据行政区界线、权属界线、权属区内的图斑界线类型来统计一定行政区或权属区内土地的分类和利用情况。土地详查将土地分为农用地、建设用地、未利用地三大类，每大类下再细分至具体类型。例如:2表示建设用地，21表示商服用地，211表示商业用地。

土地详查功能包括:绘制行政区界、绘制权属区界、生成地类界线(包括线状地类、零星地类)，修改管理各界线属性，统计土地利用面积等。

土地详查的工作主要是绘制各类界线和统计地类面积，一般步骤如下：

(1)绘制行政区

鼠标点击〖地藉\土地详查\行政区〗出现如图 4－19 行政区子菜单。

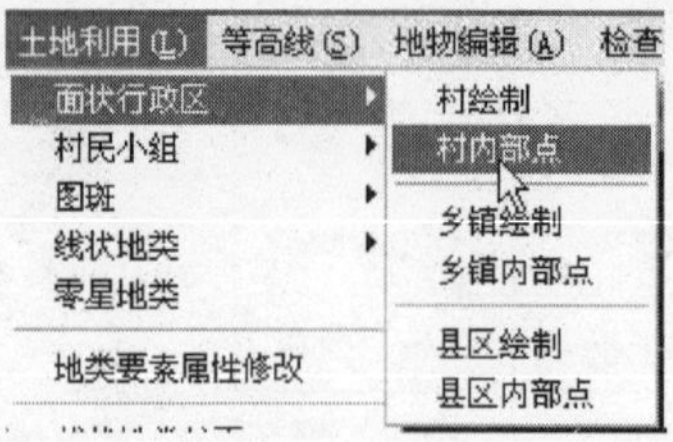

图 4－19 绘制行政区子菜单

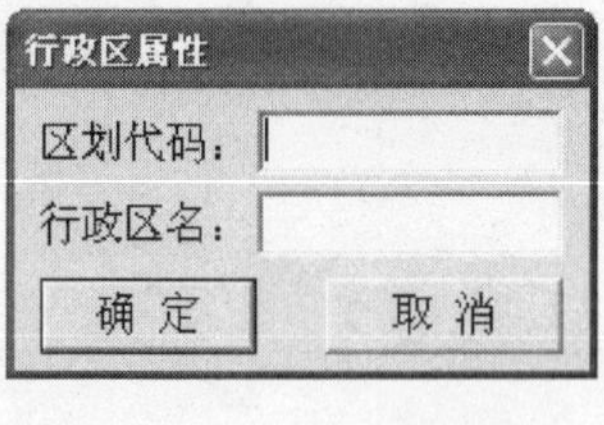

图 4－20　行政区属性输入框

绘制行政区界有两种方式，一种是直接鼠标定点绘制边界，另一种是具有非行政区边界线时由内部点生成。绘制出边界线后弹出如图 4－20 对话框。

输入行政区属性后点〖确定〗，继续绘制其他行政区界，需注意的是，低一级各行政区的面积和应该等于上一级行政区的总面积，同理，行政区内子权属区的面积和应该等于该行政区的总面积，权属区内各图斑的面积和应该等于该权属区的总面积。当剩下的区域刚好构成一个区域时，可以直接由内部点提取边界生成该区域边界，如图 4－21。

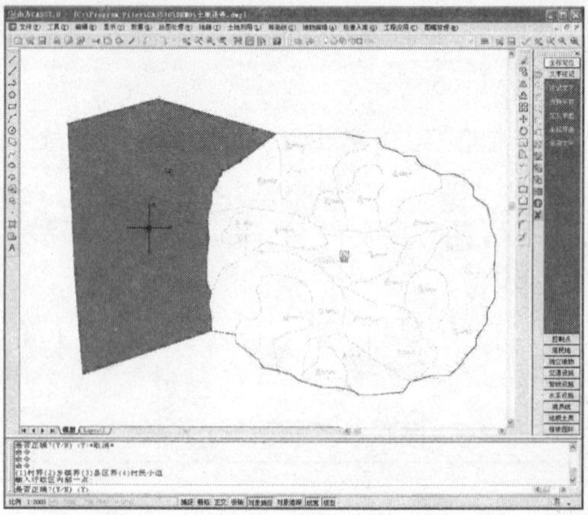

图 4－21　内部点生成行政区

若由行政区的属性需要修改则点击〖属性修改〗项，用鼠标在图上选取行政区边界或其注记，弹出其属性框如图 4－22。

(2)绘制权属区

权属区的绘制方法同 1 类似，绘制完边界后弹出如图 4－23 对话框。

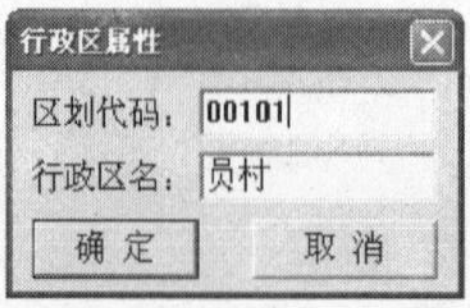

图 4－22　修改行政区属性框

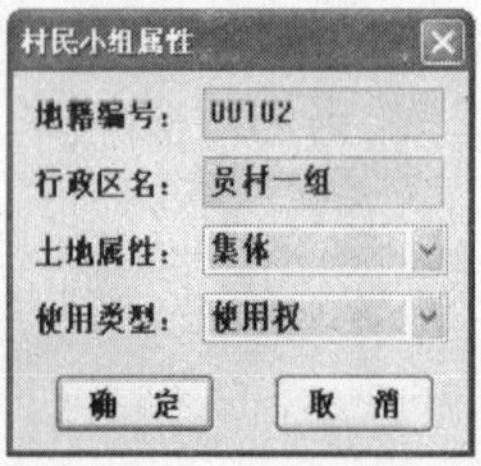

图 4－23　权属区属性输入

其属性修改与1操作相同。

(3)绘制图斑

绘制出图斑界线后弹出如图4－24属性输入对话框。

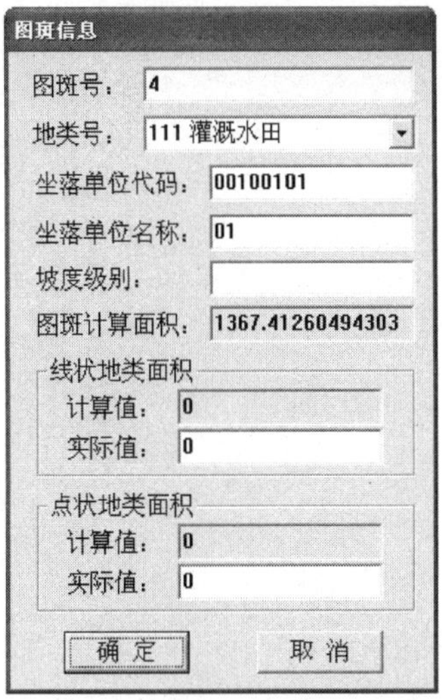

图4－24　图斑属性信息对话框

(4)检查线状地类

若有线状地类穿过不同行政区，则在统计土地利用前要进行线状地类检查，处理结果是在区界线上将该线状地类打断，各部分面积记入各自所在区内。

(5)统计土地利用面积

如图为绘制出行政区界、权属区界、图斑类型的土地分类图4－25。

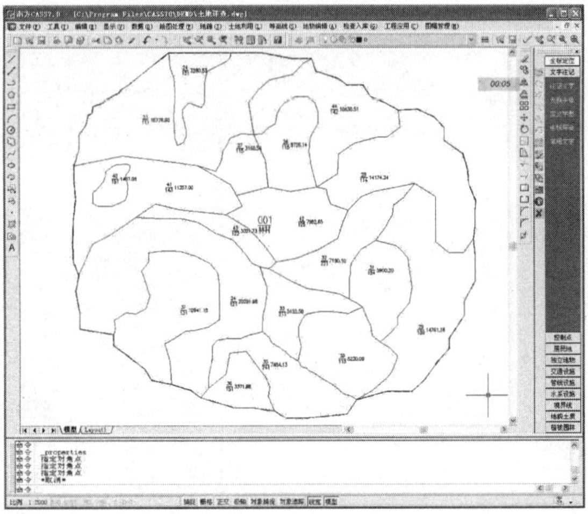

图4－25　土地分类图

要统计图上各区界内土地利用面积，点击〖地藉\土地详查\统计土地利用面积〗，命令行提示:〖选择行政区或权属区〗，选择区界线或其注记，即可绘制出该区域内土地利用面积统计表，如表4－8所示。

表 4－8

城镇土地分类面积统计表

填表单位：林村　　　　统计年度：　　　　面积单位：平方米

行政单位	城镇土地总面积	农用地						建设用地									未利用地			备注
		合计	耕地	园地	林地	牧草地	其他农用地	合计	商服用地	工矿仓储用地	公用设施用地	公共建筑用地	住宅用地	交通运输用地	水利设施用地	特殊用地	合计	未利用土地	其他土地	
			小计	小计	小计	小计	小计		小计	小计	小计	小计	小计	小计	小计	小计		小计	小计	
		1	11	12	13	14	15	2	21	22	23	24	25	26	27	28	3	31	32	
林村	162894.6	143067.8	50061.7	31296.4	28982.8	21987.5	10739.3	19826.8	5152.6	7190.1	0.0	7484.4	0.0	0.0	0.0	0.0	0.0	0.0	0.0	

4.6　复习思考题

(1)说明地形图与地籍图关系?

(2)地籍图包括哪些要素?

(3)地籍图与宗地图有何关系?使用 CASS7.0 绘制时有何关系?

(4)权属线与界址点是什么关系?权属线与界址线呢?

(5)说明土地详查主要内容。

学习情境5　数字地图管理

【技能目标】

能使用 CASS7.0 进行数字地图管理。

【知识目标】

掌握数字地图管理的相关知识。

【内容简介】

如何建立图幅信息库、宗地图纸信息库、如何进行数字地图的查找、显示和管理。

【学习重点】

数字地图管理的知识与管理技能训练。

5.1　数字地图管理概述

图纸管理是数字化成图工作结束后将要面临的另一项重要工作。没有一个好的管理软件就不可能更好地发挥数字化电子地图的优越性，CASS 成图系统可以使成图单位和用图单位都可以非常方便查找和显示任一测区的任一图幅。数字地图管理使得 CASS 由单一的图形系统具有了信息管理功能，特别适合于中、小城市测绘部门对数字地图的管理。

数字地图的管理包括图幅信息库操作、图幅显示、图幅列表三大部分。信息库的操作还包括插入（添加）、删除、查找、编辑等。信息库可理解成档案室的图纸档案，信息库的操作就是给图纸建立档案；图纸显示的操作就相当于从信息库（图纸档案室）查找（显示）图纸。

5.2　图幅管理

用鼠标点取〖图纸管理\图幅信息操作〗项，如图 5 - 1 所示，就可以直接对相应图幅进行操作。

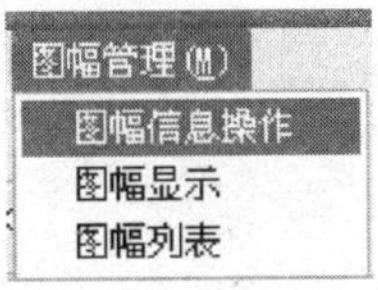

图 5－1　图纸管理菜单

5.2.1 图幅信息操作

图幅信息操作是建立地名库、图形库、宗地图库的过程，对地名、图幅、宗地图的相关信息进行操作。鼠标点取本菜单，在对话框中进行操作，如图 5－2 所示。

(1) 地名库管理

图 5－2　地名库管理

1)〖添加〗按扭：当您想要输入新的地名时，用鼠标单击〖添加〗按扭，在记录里就增加一条与最后一条记录相同的记录，然后用鼠标右键点击该记录修改成要添加的地名及左下角的 X 值和 Y 值、右下角的 X 值和 Y 值，用鼠标单击〖确定〗按扭将输入的地名自动记录到地名库中，如果取消操作则按〖取消〗按扭。

2)〖删除〗按扭：当您想要删除已有地名时，用鼠标选中要删除的对象，点击删除按钮，则选中的对象就被删除掉。

3)〖查找〗按扭：当地名比较多时(为了查找的方便)，在地名文本框中输入要查找的地名后单击〖确定〗按扭，否则单击〖取消〗按扭;则查找到对象以高亮显示，否则提示未找到。

图 5－3　未找到对象时的提示

(2) 图形库管理

鼠标点取图形库标签，在对话框中进行操作，如图 5－4 所示。

图 5-4　图形库管理

1)〖添加〗按扭，增加新图幅信息。

2)〖删除〗按扭，删除已有图幅信息。

3)〖查找〗按扭，当图幅信息比较多时使用(为了查找的方便 CASS7.0 系统提供了地名名和图号两种查询方法)。

(3)宗地图库管理

鼠标点取宗地图库标签，在对话框中进行操作，如图 5-5 所示。

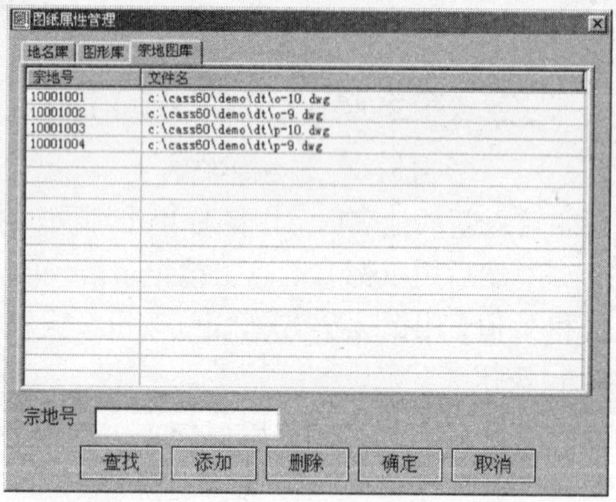

图 5-5　宗地图库管理

1)〖添加〗按扭，增加宗地信息。

2)〖删除〗按扭，删除宗地信息。

3)〖查找〗按扭，当宗地信息比较多时使用，系统可根据用户输入的宗地号搜索整个图库内的宗地图。

5.2.2 图幅显示

从图形库中选择一幅或几幅图同时在屏幕上显示，如图 5-6 所示。

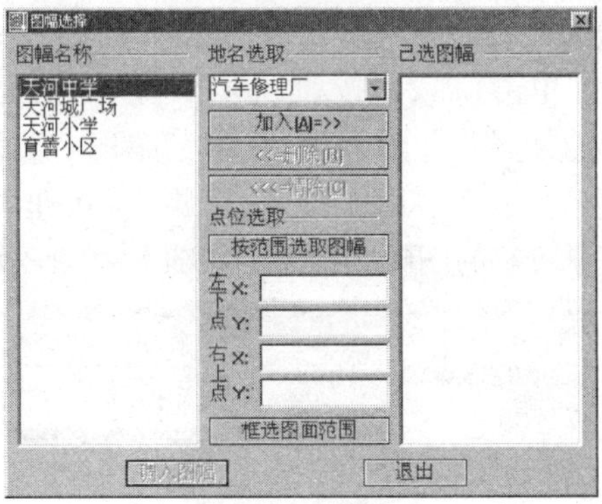

图5－6　图幅选择

（1）按地名选择图幅

在地名选取下拉框中选择你要调出的地名，则在已选图幅中就会显示调出的图幅和地名，点击调入图幅就可以将图在CASS7.0中打开，如图5－7所示。

图5－7　按地名选取

（2）按点位选取的方式

在点位选取的文本框中输入用户需求范围的左下点及右下点X，Y坐标值，也可以点击框选图面范围按钮在图上直接点取，然后点击按范围选取图幅按钮，在已选图幅框中显示需要的图幅，点击调入图幅按钮系统打开该图，如图5－8所示。

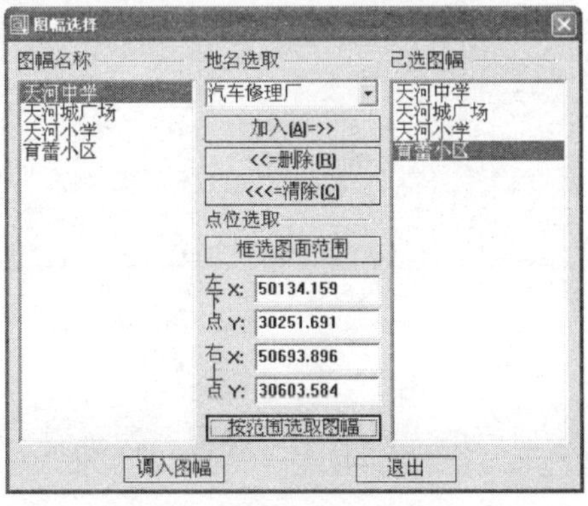

图5－8　图幅显示对话框

（3）手工选取图幅的方式

如果您对图幅的连接情况比较熟悉就可以采用这个方式。首先，在图幅名框中选择所要的第一幅图的图幅名，用鼠标单击〖加入〗按钮，在已选取图幅框中您将看到该图的图幅名，则表示第一幅图已经成功选取。其次，加入第二、第三幅图。如果图幅选取错误，则可以在已选取图幅框中选择该图幅名。最后，用鼠标单击〖删除〗按钮即可。用鼠标单击〖清除〗按扭，则可以把已选取图幅框中所有的图幅名清除，如图 5－9 所示。

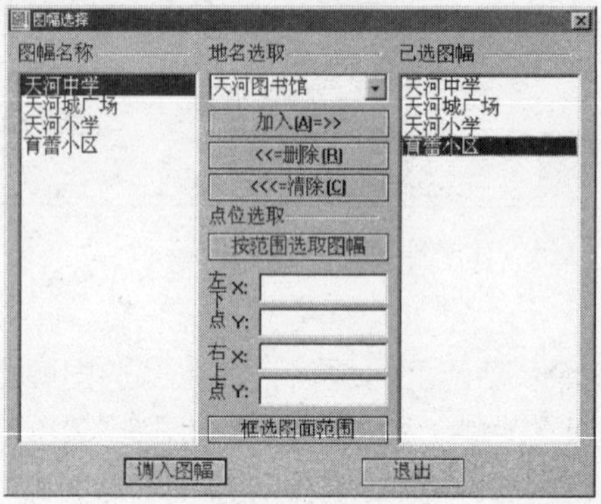

图 5－9　手工选择

用鼠标单击〖调入图幅〗按扭，就可以把已选取图幅框中所有的图幅调入。用鼠标单击〖退出〗按扭退出图纸显示对话框，取消所有操作。

5.2.3 图幅列表

鼠标点击〖图幅管理\图幅列表〗，则在屏幕左侧出现图名库和宗地库列表，如图 5－10 所示。

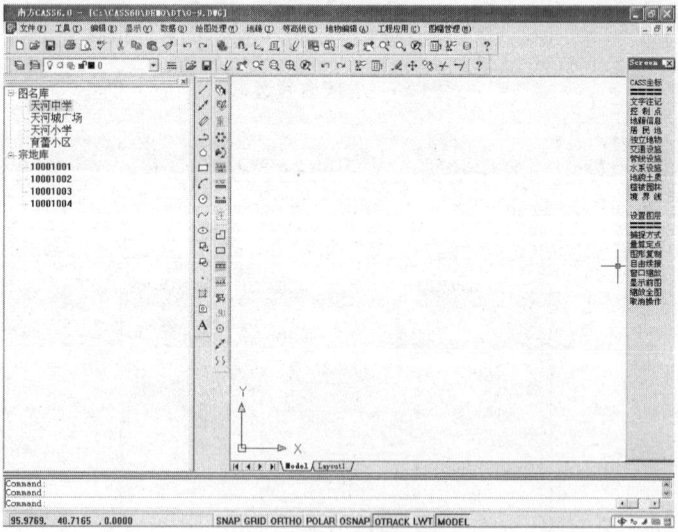

图 5－10　图幅列表

双击图名库中的地名或宗地库中的宗地图号，则右边屏幕马上打开相应的图形，如图 5－11 所示。

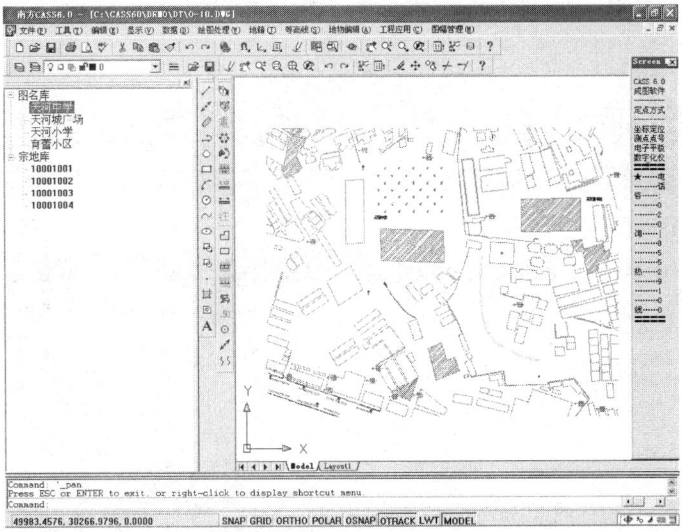

图 5－11　调入地形图

5.3　复习思考题

(1)数字地图管理包括哪些内容?

(2)说明 CASS7.0 中设置图幅的步骤。

(3)图幅整饰的时候不能把一整幅图装进一个标准图幅里,怎么办?

(4)显示想要的图幅有几种方式,如何操作?

(5)图幅信息操作包括哪些内容?

附录 A：CASS7.0 绘图菜单索引

<table>
<tr><th>一级</th><th>二级</th><th>三级</th></tr>
<tr><td rowspan="4">1
坐标定位</td><td>11
坐标定位</td><td>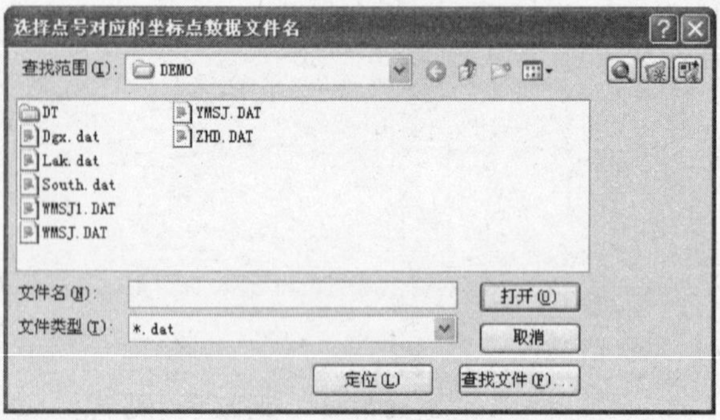
</td></tr>
<tr><td>12
点号定位</td><td>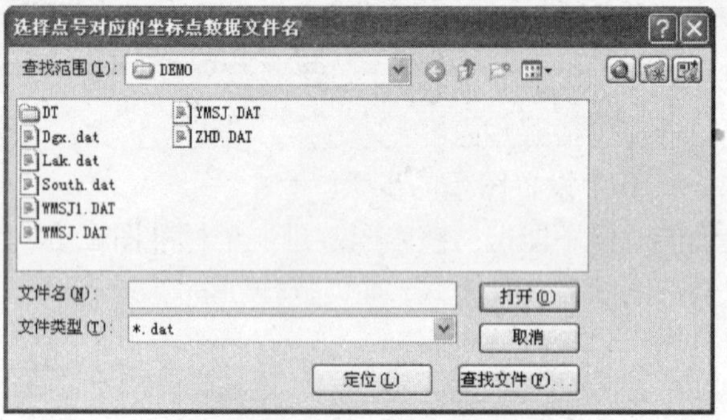
</td></tr>
<tr><td>13
电子平板</td><td>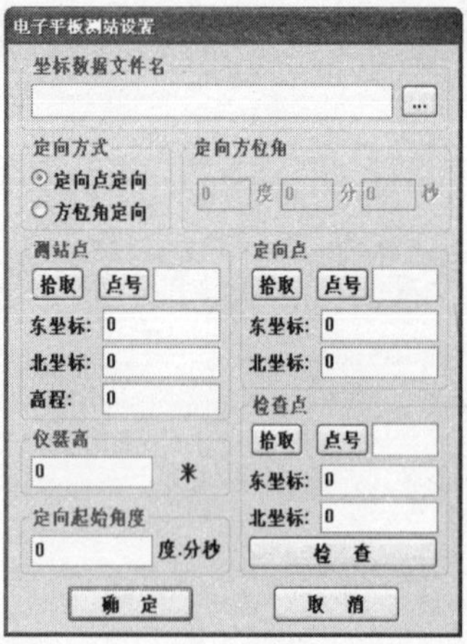
</td></tr>
<tr><td>14
地物匹配</td><td></td></tr>
</table>

一级	二级	三级
2 文字注记	21 注记文字	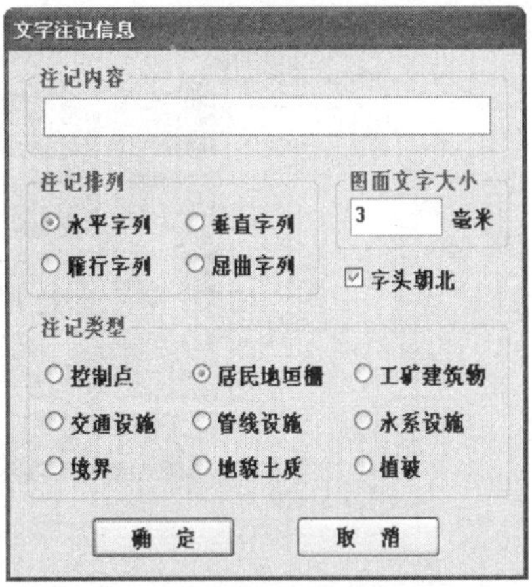
	22 变换字体	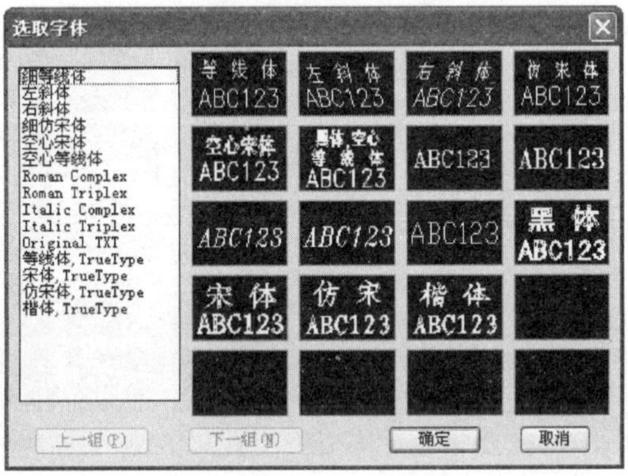
	23 定义字型	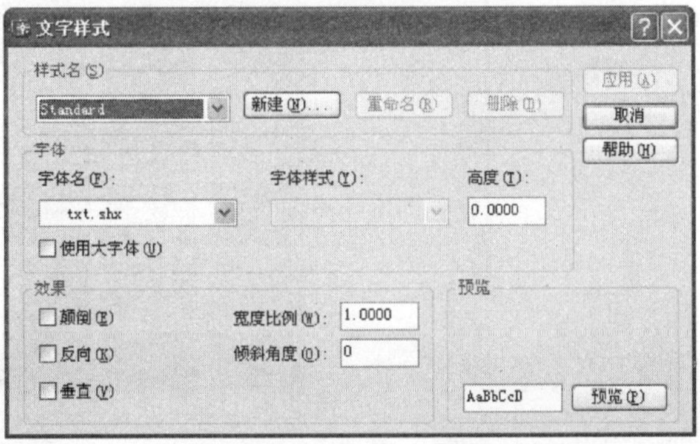

<table>
<tr><th>一级</th><th>二级</th><th>三级</th></tr>
<tr><td rowspan="2">2 文字注记</td><td>24 坐标坪高</td><td>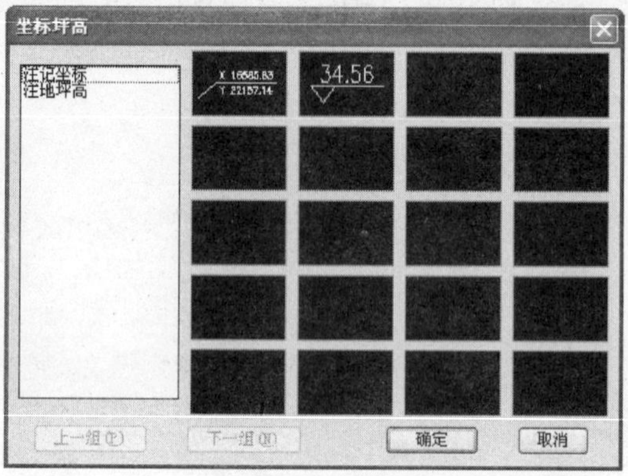
</td></tr>
<tr><td>25 常用文字</td><td>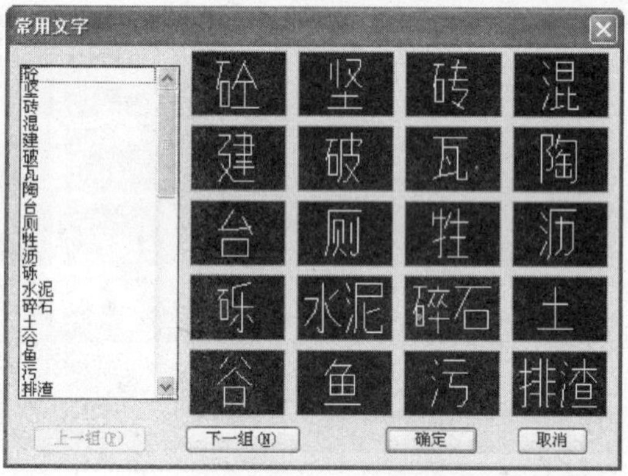
</td></tr>
<tr><td>3 控制点</td><td>31 平面控制点</td><td>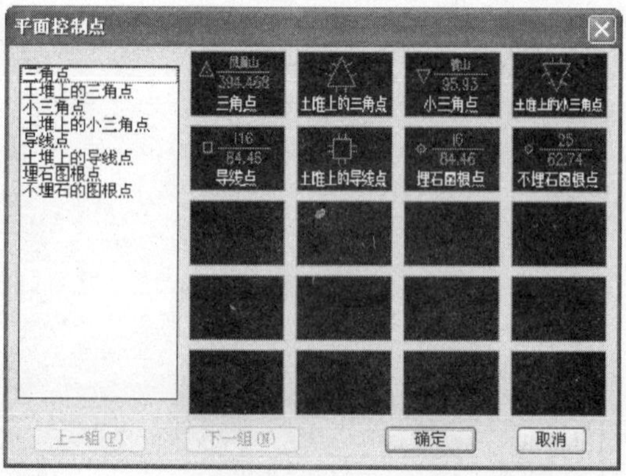
</td></tr>
</table>

<table>
<tr><th>一级</th><th>二级</th><th>三级</th></tr>
<tr><td>3
控
制
点</td><td>32
其
它
控
制
点</td><td>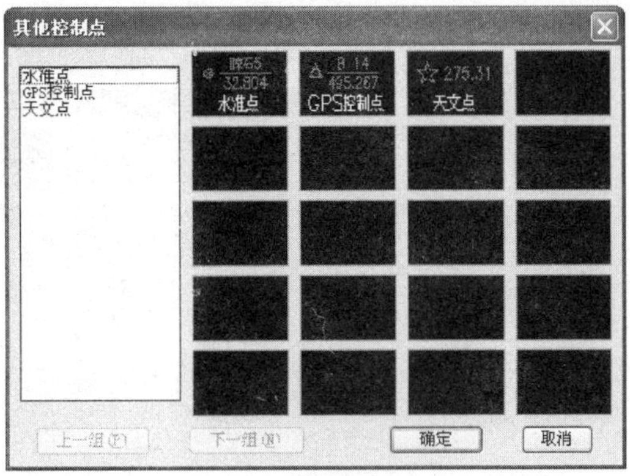
</td></tr>
<tr><td rowspan="2">4
居
民
地</td><td>41
一
般
房
屋</td><td>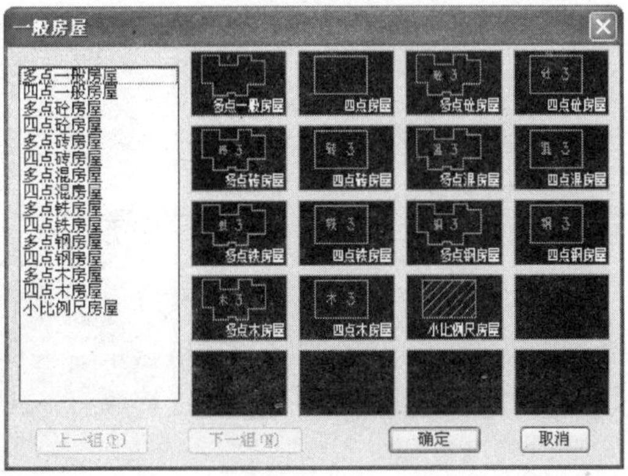
</td></tr>
<tr><td>42
普
通
房
屋</td><td>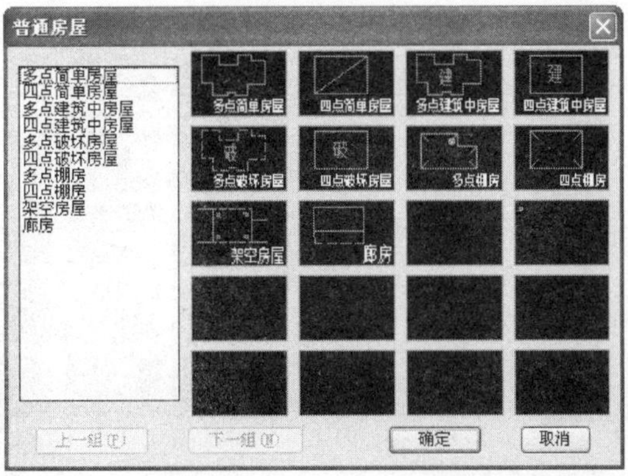
</td></tr>
</table>

一级	二级	三级
4 居民地	43 特殊房屋	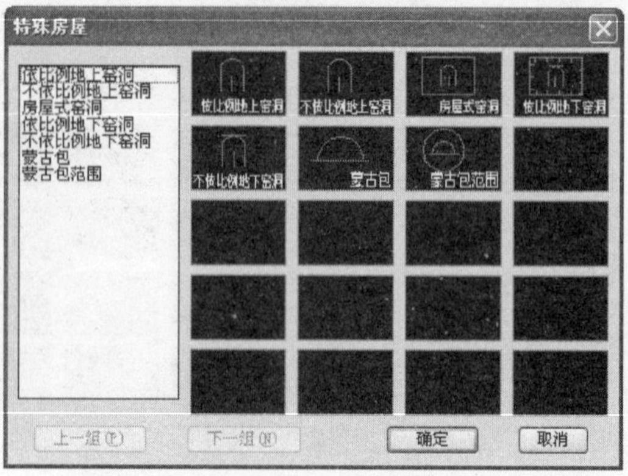
	44 房屋附属	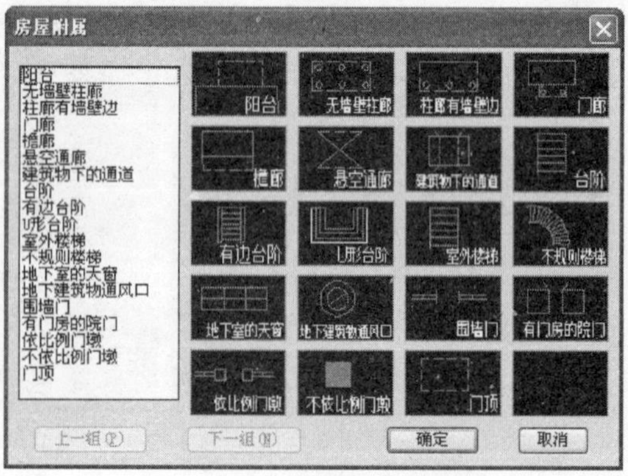
	45 支柱墩	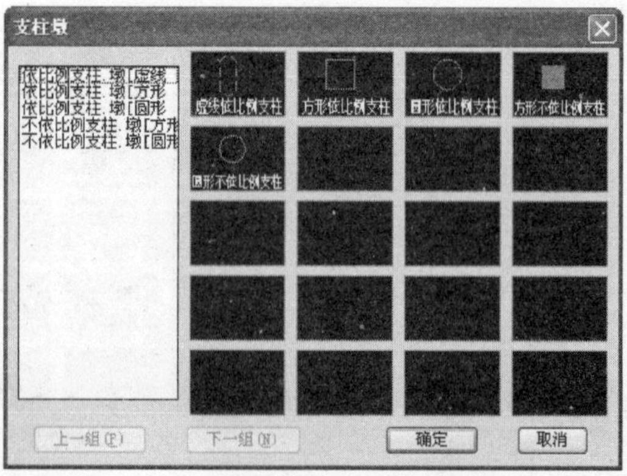

<table>
<tr><th>一级</th><th>二级</th><th>三级</th></tr>
<tr><td>4
居民地</td><td>46
垣栅</td><td>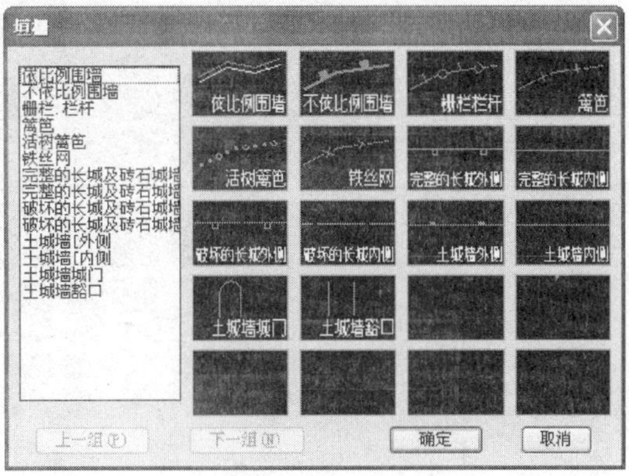
</td></tr>
<tr><td rowspan="2">5
独立地物</td><td>51
矿山开采</td><td>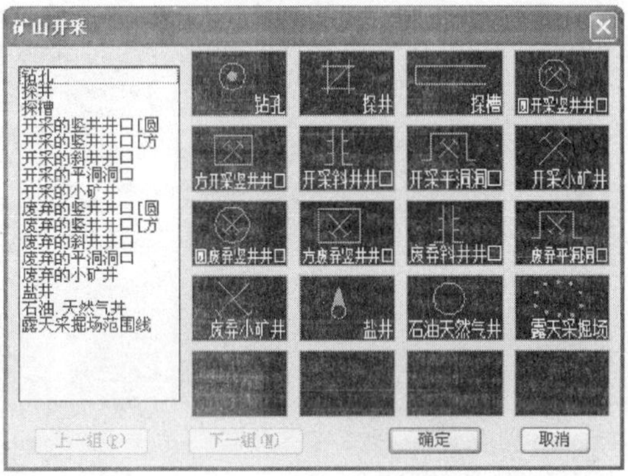
</td></tr>
<tr><td>52
工业设施</td><td>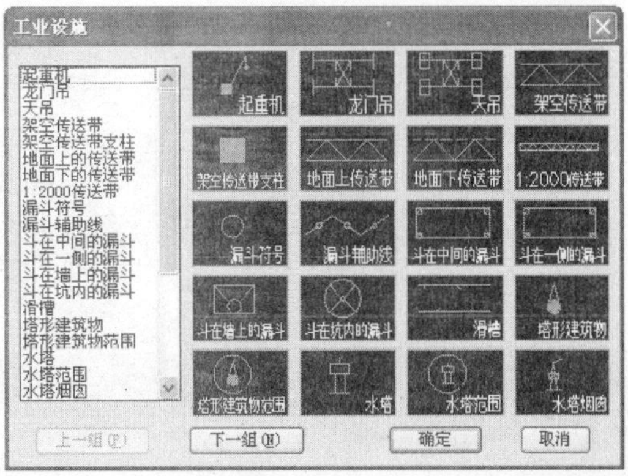
</td></tr>
</table>

<table>
<tr><th>一级</th><th>二级</th><th>三级</th></tr>
<tr><td rowspan="3">5
独立地物</td><td>53
农业设施</td><td>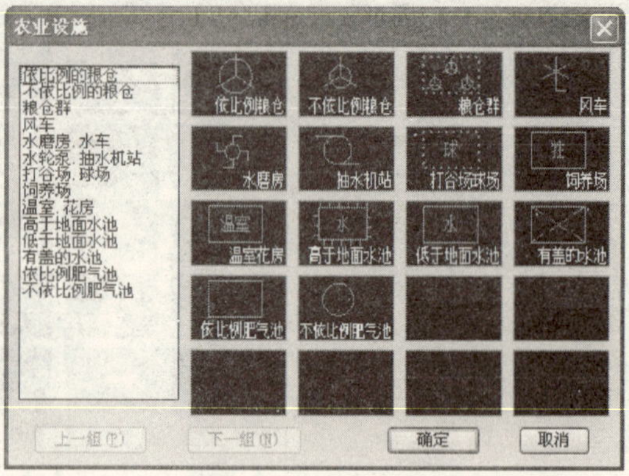
</td></tr>
<tr><td>54
科文卫体</td><td>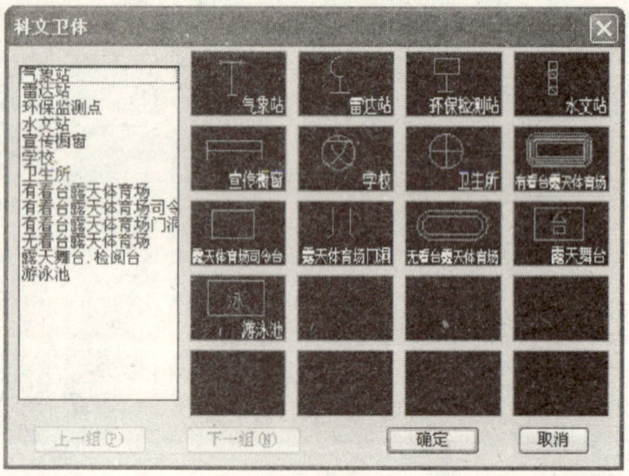
</td></tr>
<tr><td>55
公共设施</td><td>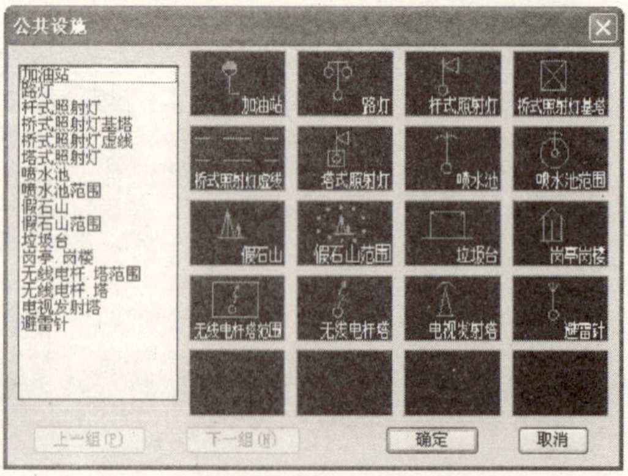
</td></tr>
</table>

<table>
<tr><th>一级</th><th>二级</th><th>三级</th></tr>
<tr><td rowspan="3">5
独立地物</td><td>56
碑塑墩亭</td><td>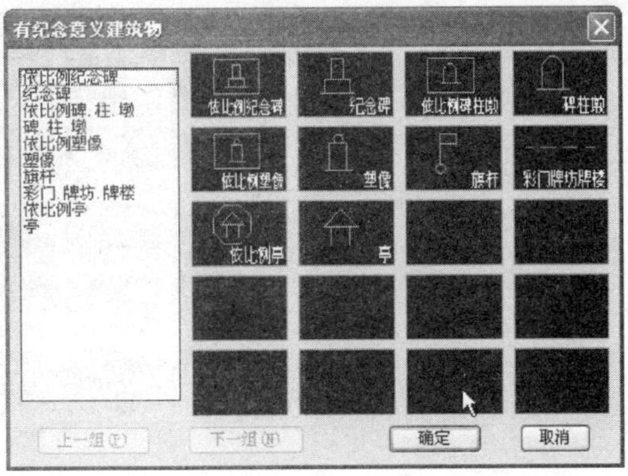
</td></tr>
<tr><td>57
文物宗教</td><td>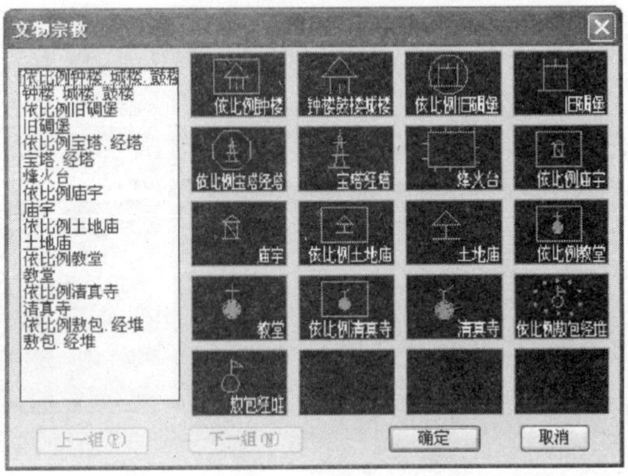
</td></tr>
<tr><td>58
其它设施</td><td>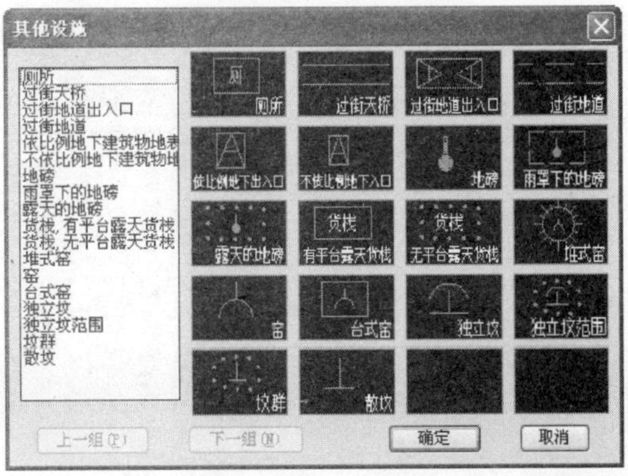
</td></tr>
</table>

一级	二级	三级
6 交通设施	61 铁路	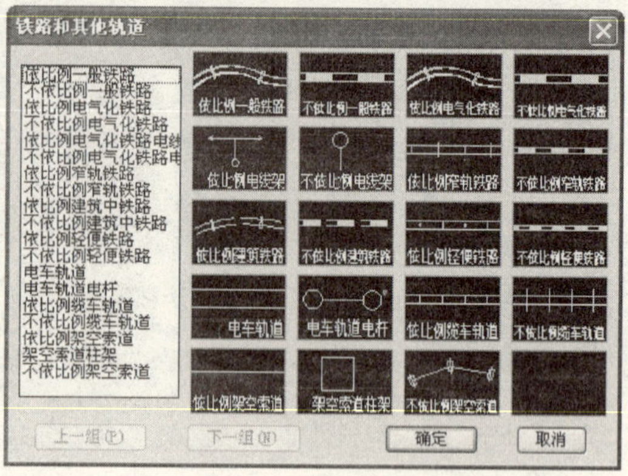
	62 铁路附属	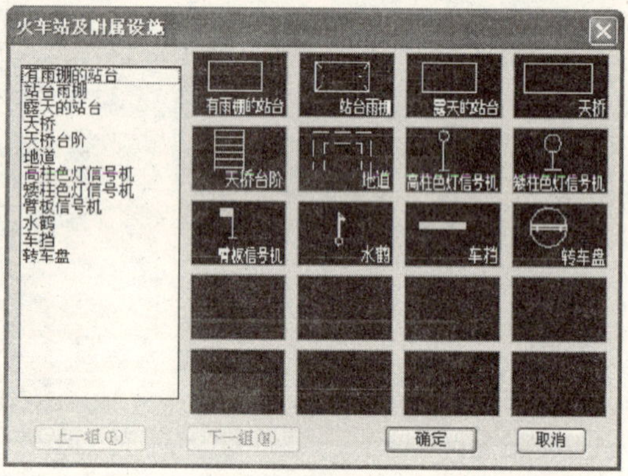
	63 公路	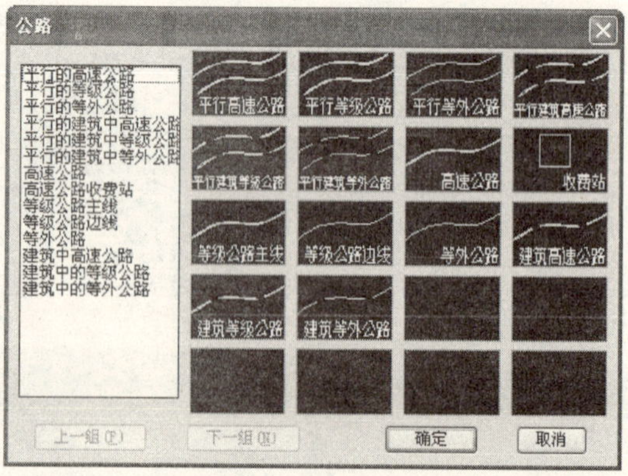

<table>
<tr><th>一级</th><th>二级</th><th>三级</th></tr>
<tr><td rowspan="3">6 交通设施</td><td>64 其它道路</td><td>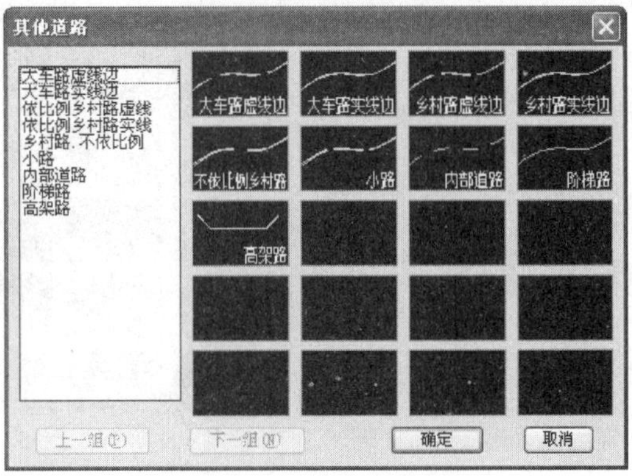
</td></tr>
<tr><td>65 道路附属</td><td>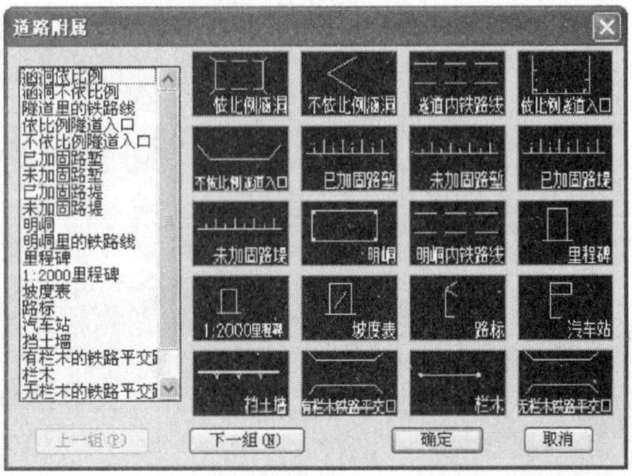
</td></tr>
<tr><td>66 桥梁</td><td>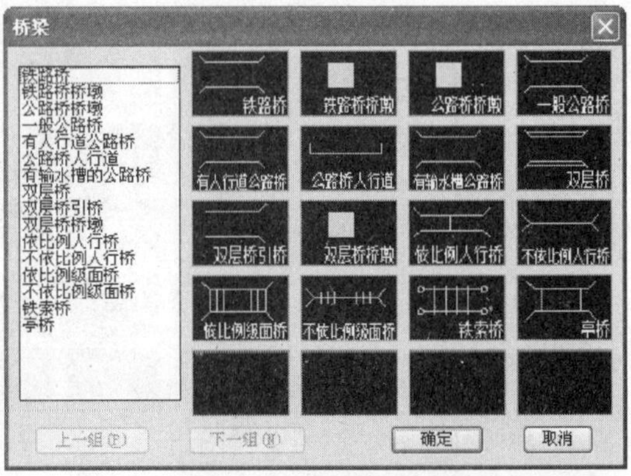
</td></tr>
</table>

一级	二级	三级
6 交通设施	67 渡口码头	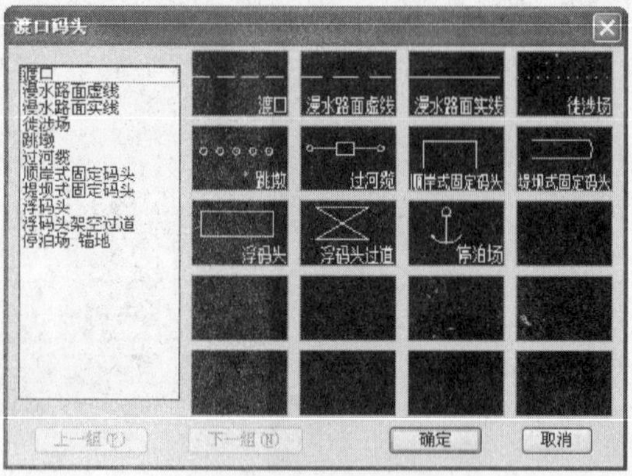
	68 航行标志	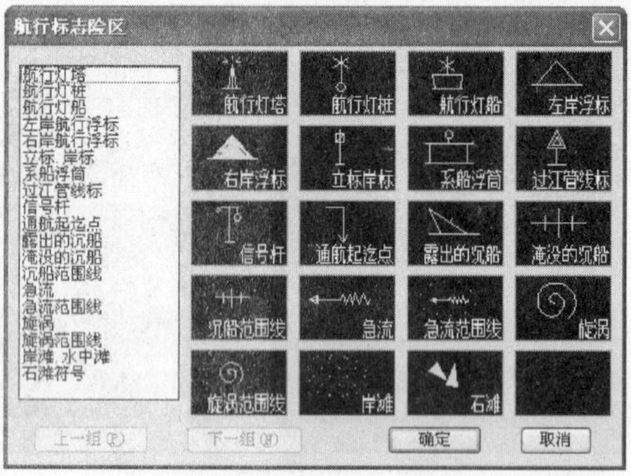
7 管线设施	71 电力线	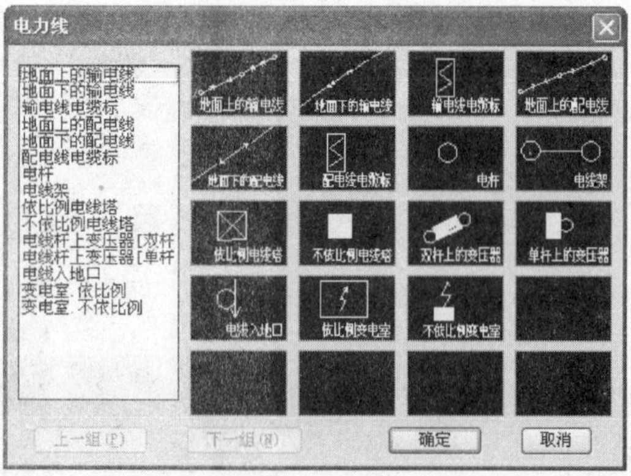

一级	二级	三级
7 管线设施	72 通讯线	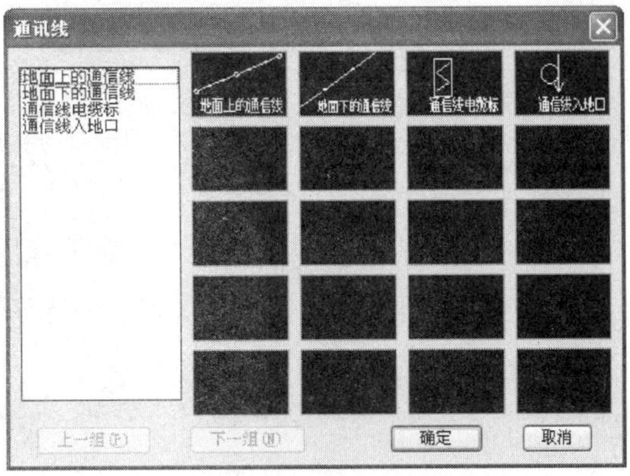
	73 管道	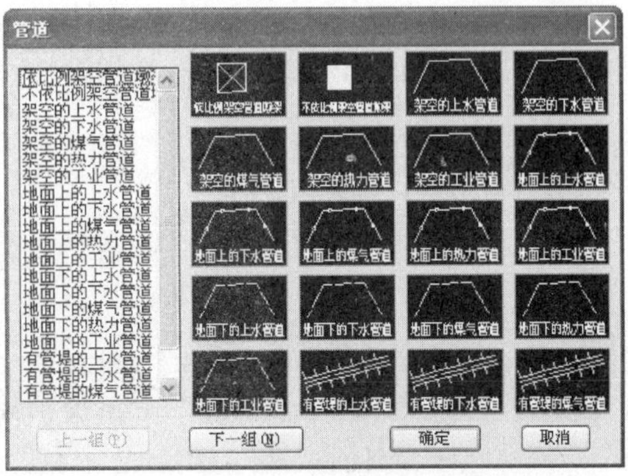
	74 地下检修井	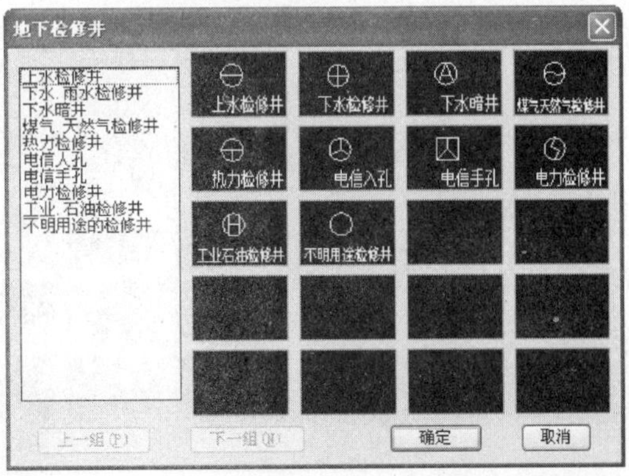

<table>
<tr><th>一级</th><th>二级</th><th>三级</th></tr>
<tr><td>7
管线设施</td><td>75
管道附属</td><td>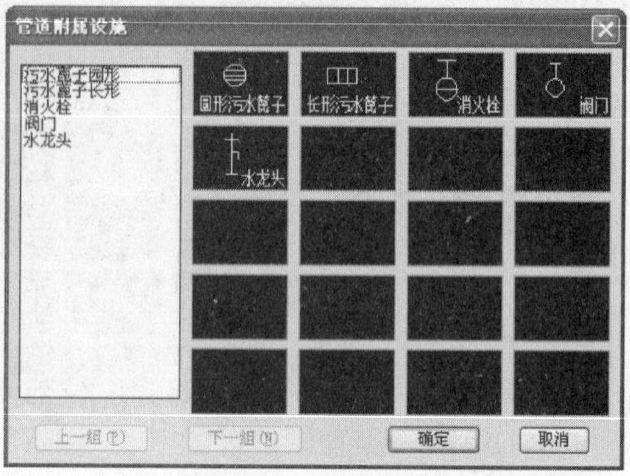
</td></tr>
<tr><td rowspan="2">8
水系设施</td><td>81
河流溪流</td><td>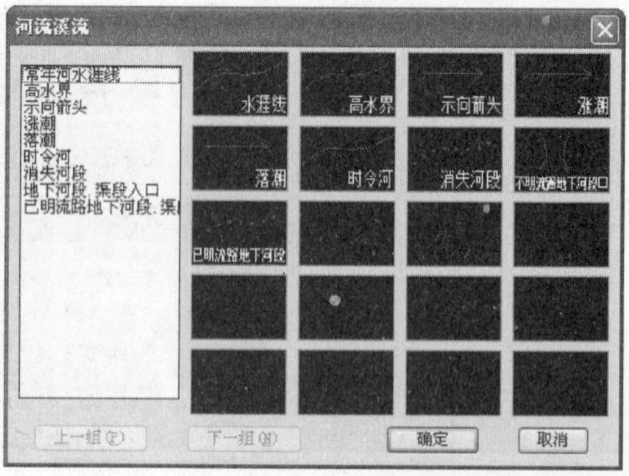
</td></tr>
<tr><td>82
湖泊池塘</td><td>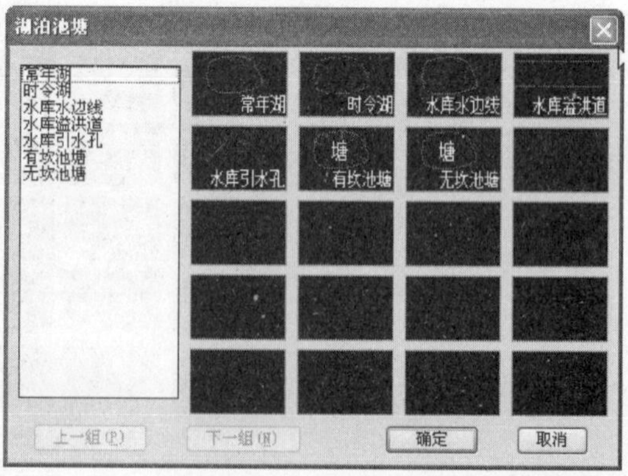
</td></tr>
</table>

一级	二级	三级
8 水系设施	83 沟渠	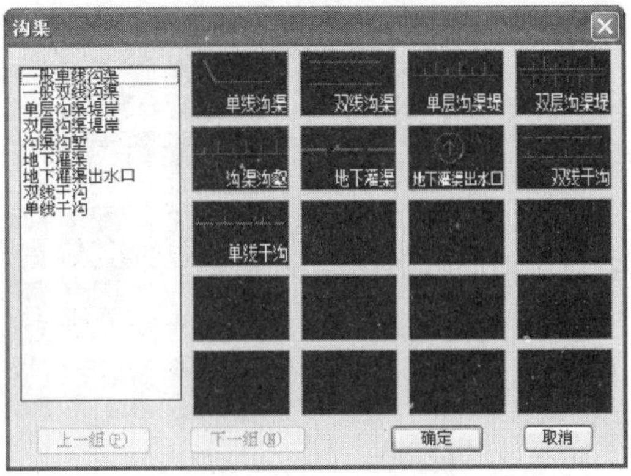
	84 水利设施	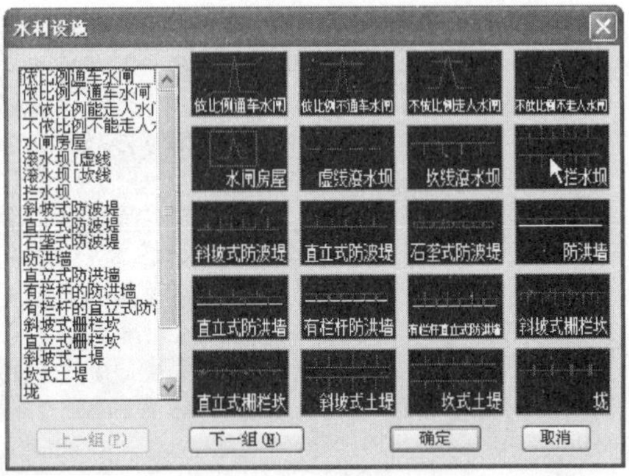
	85 陆地要素	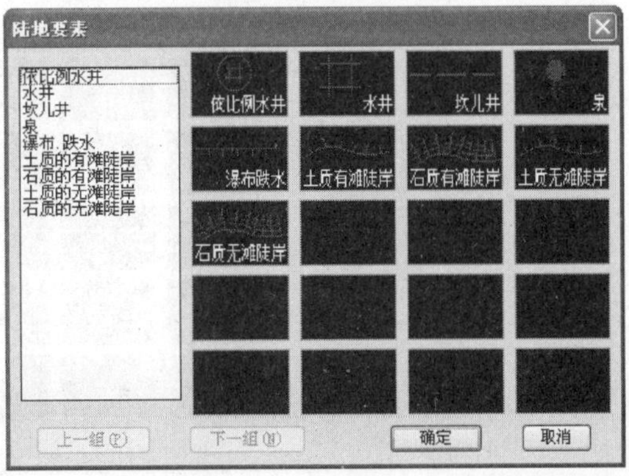

<table>
<tr><th>一级</th><th>二级</th><th>三级</th></tr>
<tr><td rowspan="2">8 水系设施</td><td>86 海洋要素</td><td>
</td></tr>
<tr><td>87 礁石</td><td>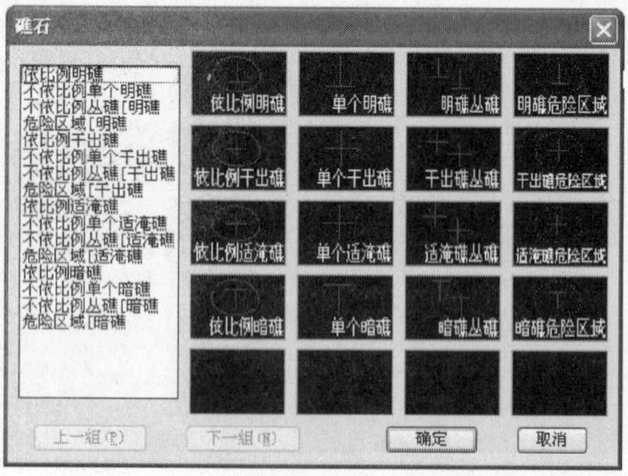
</td></tr>
<tr><td>9 境界线</td><td>91 行政界线</td><td>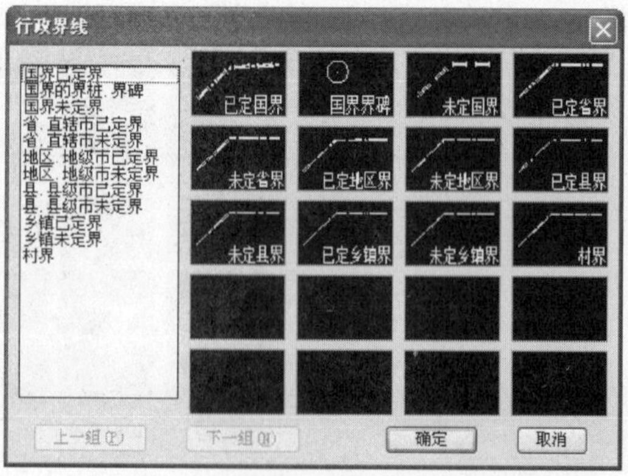
</td></tr>
</table>

一级	二级	三级
9 境界线	92 其他界线	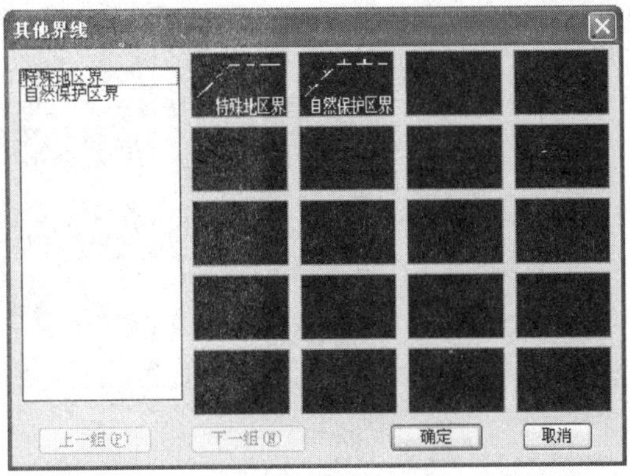
10 地貌土质	101 等高线	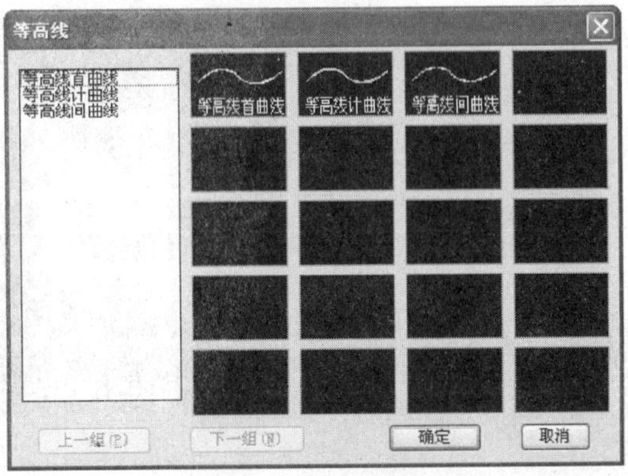
	102 高程点	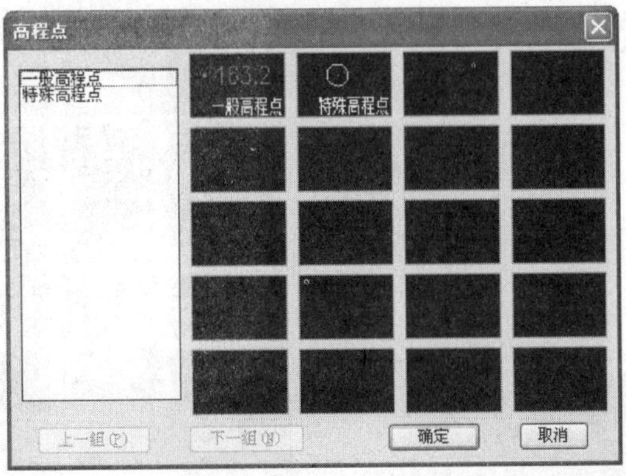

一级	二级	三级
10 地貌土质	103 崩塌残蚀	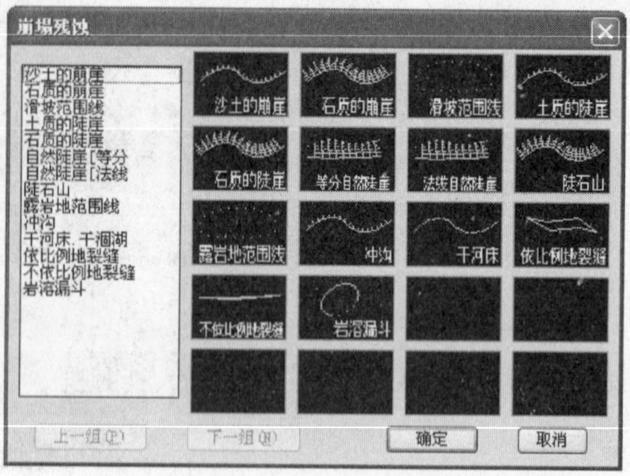
	104 坡坎	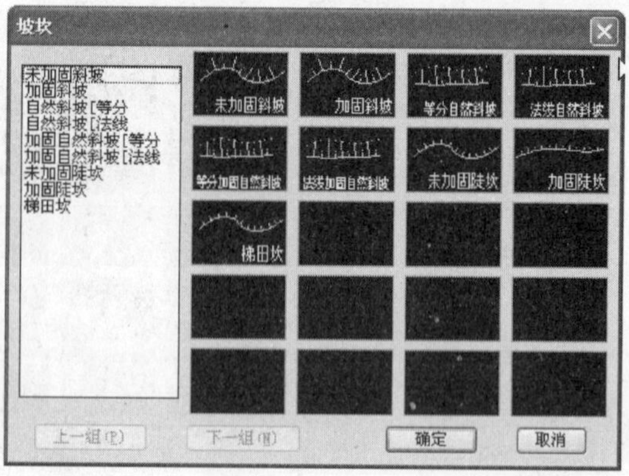
	105 其他地貌	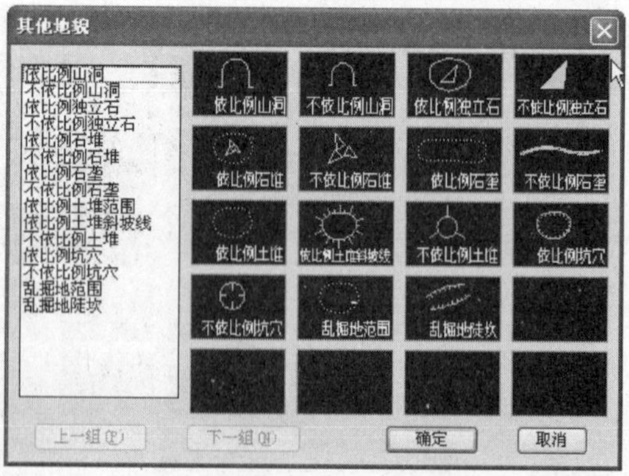

一级	二级	三级
10 地貌土质	106 土质	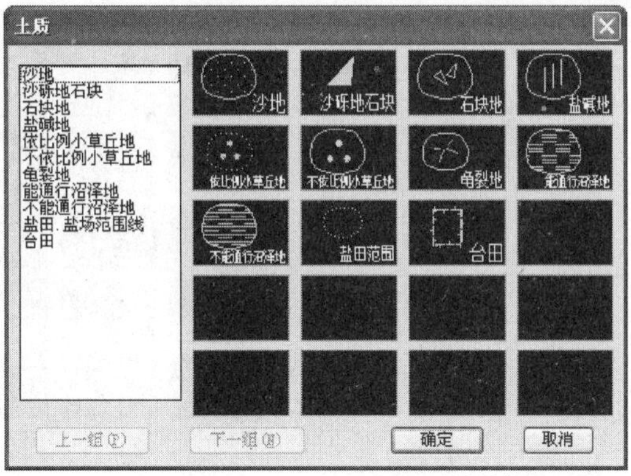
11 植被园林	111 耕地	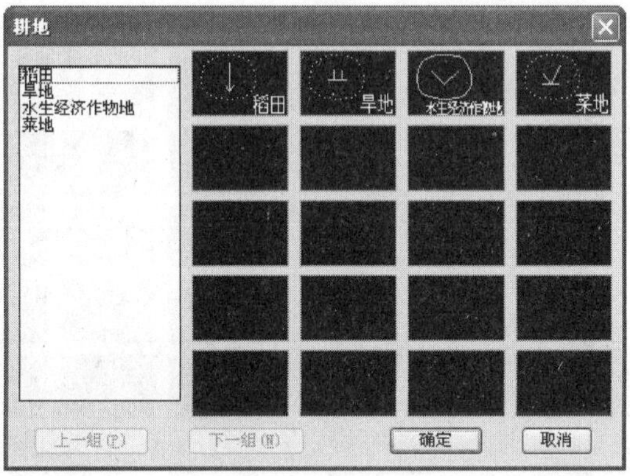
	112 园地	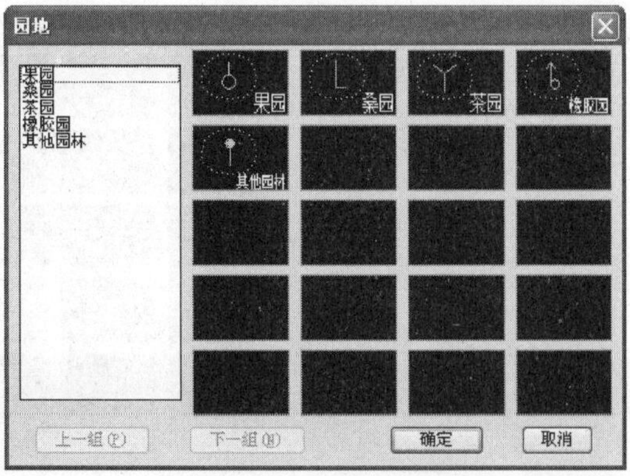

<table>
<tr><th>一级</th><th>二级</th><th>三级</th></tr>
<tr><td rowspan="3">11
植被园林</td><td>113
林地</td><td>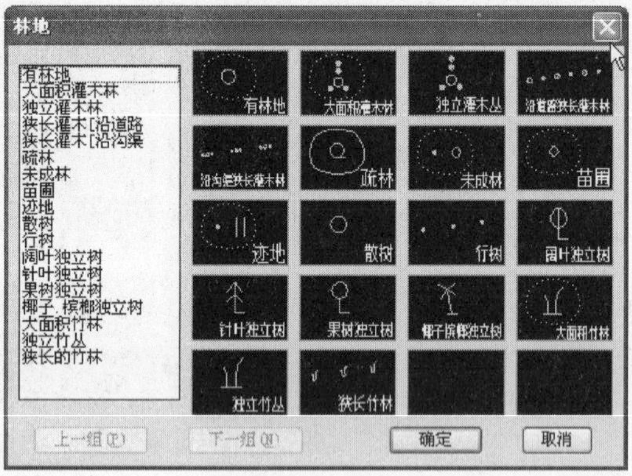
</td></tr>
<tr><td>114
草地</td><td>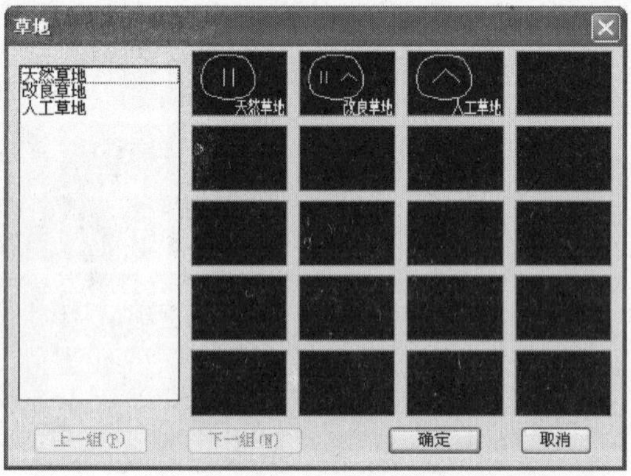
</td></tr>
<tr><td>115
其他植被</td><td>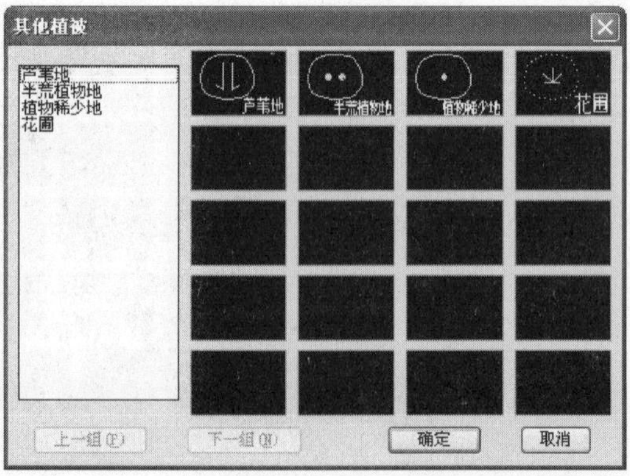
</td></tr>
</table>

一级	二级	三级
11 植被园林	116 地类防火	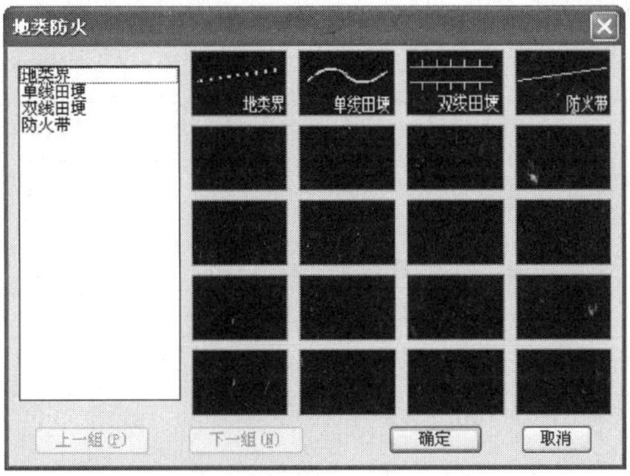

附录 B:CASS7.0 常用快捷命令

序号	命令	含义	序号	命令	含义
1	DD	通用绘图命令	16	XP	绘制自然斜坡
2	V	查看实体属性	17	G	绘制高程点
3	S	加入实体属性	18	D	绘制电力线
4	F	图形复制	19	I	绘制道路
5	RR	符号重新生成	20	N	批量拟合复合线
6	H	线型换向	21	O	批量修改复合线高
7	KK	查询坎高	22	WW	批量改变复合线宽
8	X	多功能复合线	23	Y	复合线上加点
9	B	自由连接	24	J	复合线连接
10	AA	给实体加地物名	25	Q	直角纠正
11	T	注记文字			
12	FF	绘制多点房屋			
13	SS	绘制四点房屋			
14	W	绘制围墙			
15	K	绘制陡坎			

附录C　CASS7.0 简编码输入方案

简编码就是在野外作业时仅输入简单的提示性编码，内业中经计算机识别后自动转换为程序内部码。CASS 系统的有码作业就是一个有代表性的简编码输入方案。CASS 系统的野外操作码(也称为简码或简编码)是由线面状地物码、独立码两种组成，线面状地物码又由编码与关系码构成。每种只有 1-3 位字符。其形式简单、规律性强、无需特别记忆，并能同时采集测点的要素和拓扑关系码。它也能够适应多人跑尺(镜)、交叉观测不同地物等复杂情况。

1、线面状地物码

(1)线面状地物编码

线面状地物编码亦称地物代码，如表附录 C -1。它是按一定的规律设计的，不需要特别记忆。如代码 F0、F1、...、F6 分别表示特种房(坚固房)、普通房、一般房...简易房。F 取"房"字拼音首字母，0-6 表示房屋类型由"主"到"次"。又如代码 D0、D1、D2、D3 分别表示电线塔、高压线、低压线、通信线等。另外，K0 表示直折线型的陡坎，U0 表示曲线型的陡坎，X1 表示直折线型的内部道路，Q1 表示曲线型的内部道路。由 U、Q 的外形很容易让我们想象到曲线。

表附录 C-1　　线面状地物编码及含义

序号	类型	符号及含义
1	坎(曲)	K(U)+数(0-陡坎;1-加固陡坎;2-斜坡;3-加固斜坡;4-垄;5-陡崖;6-干沟)
2	线(曲)	X(Q)+数(0-实线;1-内部道路;2-小路;3-大车路;4-建筑公路;5-地类界;6-乡、镇界;7-县、县级市界;8-地区、地级市界;9-省界线)
3	垣栅	W+数(0,1-宽为0.5m的围墙;2-栅栏;3-铁丝网;4-篱笆;5-活树篱笆;6-不依比例围墙，不拟合;7-不依比例围墙，拟合)
4	铁路	T+数[0-标准铁路(大比例尺);1-标(小);2-窄轨铁路(大);3-窄(小);4-轻轨铁路(大);5-轻(小);6-缆车道(大);7-缆车道(小);8-架空索道;9-过河电缆]
5	电力线	D+数(0-电缆塔;1-高压线;2-低压线;3-通讯线)
6	房屋	F+数(0-坚固房;1-普通房;2-一般房屋;3-建筑中房;4-破坏房;5-棚房;6-简单房)
7	管线	G+数[0-架空(大);1-架空(小);2-地面上的;3-地下的;4-有管堤的]
8	植被土质	拟合边界:B+数(0-旱地;1-水稻;2-菜地;3-天然草地;4-有林地;5-行树;6-狭长灌木林;7-盐碱地;8-沙地;9-花圃)不拟合边界:H+数(同上)
9	圆形物	Y+数(0-半径;1-直径两端点;2-圆周三点)
10	平行体	P+[X(0-9);Q(0-9);K(0-6);U(0-6)…]
11	控制点	C+数(0-图根点;1-埋石图根点;2-导线点;3-小三角点;4-三角点;5-土堆上的三角点;6-土堆上的小三角点;7-天文点;8-水准点;9-界址点)

(2)关系码

关系码亦称连接关系码，它是表明地物点连接信息的编码，如表附录 C －2 所示。共有 4 种符号:“ + ”、“ – ”、“A $ ”和“P” 配合简单数字来描述测点间的连接关系。其中“ + ”表示连接线依测点顺序进行;“ – ”表示连接依测点相反顺序进行;“P”表示绘平等体;“A $ ”表示断点标识符。

表附录 C－2　　　　关系码符号及含义

序号	符号	含义	示例
1	+	本点与上一点相连，边线依测点顺序进行	
2	–	本点与下一点相连，边线依测点顺序相反方向进行	
3	n +	本点与上 n 点相连，边线依测点顺序进行	
4	n –	本点与下 n 点相连，边线依测点顺序相反方向进行	
5	P	本点与上一点所在地物平行	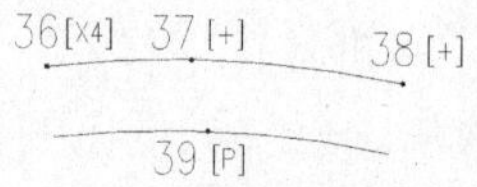
6	n P	本点与上 n 点所在地物平行	
7	+ A $	断点标识符，本点与上点连	
8	– A $	断点标识符，本点与下点连	

2、独立地物码

对于只有一个定位点的独立地物，用 A 表示，如:A42 表示普通电杆，A50 表示阔叶独立树等，如表附录 C －3 所示。

表附录 C －3　　　　独立地物编码及符号含义

序号	类别	编码及符号含义				
1	水系设施	A00 水文站	A01 停泊场(锚地)	A02 航行灯塔	A03 航行灯桩	A04 航行灯船
		A05 左航行浮标	A06 右航行浮标	A07 系船浮筒	A08 急流	A09 过江管线标
		A10 信号标	A11 露出的沉船	A12 淹没的沉船	A13 泉	A14 水井
2	土质	A15 石堆				
3	居民地	A16 学校	A17 沼气	A18 卫生所	A19 地上窑洞	A20 电视发射塔
		A21 地下窑洞	A22 窑	A23 蒙古包		

续表

4	管线设施	A24 上水检修井	A25 下水雨水检修井	A26 圆形污水箅子	A27 下水暗井	A28 煤气天然气检修井
		A29 热力检修井	A30 电信入孔	A31 电信出孔	A32 电力检修井	A33 工业石油检修井
		A34 液体气体储存设备	A35 不明用途检修井	A36 消火栓	A37 阀门	A38 水龙头
		A39 长形污水箅子				
5	电力设施	A40 变电室	A41 无线电杆、塔	A42 A 电杆		
6	军事设施	A43 旧碉堡	A44 雷达站			
7	道路设施	A45 里程碑	A46 坡度表	A47 路标	A48 汽车站	A49 臂板信号机
8	独立树	A50 阔叶独立树	A51 针叶独立树	A52 果树独立树	A53 椰子独立树	
9	工矿设施	A54 烟囱	A55 露天设备	A56 地磅	A57 起重机	A58 探井
		A59 钻孔	A60 石油、天然气井	A61 盐井	A62 废弃小矿井	A63 废弃平峒洞口
		A64 废弃竖井井口	A65 开采的小矿井	A66 开采的平峒洞口	A67 开采的竖井井口	
10	公共设施	A68 加油站	A69 气象站	A70 路灯	A71 照射灯	A72 喷水池
		A73 垃圾台	A74 旗杆	A75 亭	A76 岗亭、岗楼	A77 钟楼、鼓楼、城楼
		A78 水塔	A79 水塔烟囱	A80 环保监测站	A81 粮仓	A82 风车
		A83 水磨房、水车	A84 避雷针	A85 抽水机站	A86 地下建筑物天窗	
11	宗教设施	A87 纪念像碑	A88 碑、柱、墩	A89 塑像	A90 庙宇	A91 土地庙
		A92 教堂	A93 清真寺	A94 敖包、经堆	A95 宝塔、经塔	A96 假石山
		A97 塔形建筑物	A98 独立坟	A99 坟地		

3. 数据采集与编码实例

数据采集时现场对照实地输入野外操作码，图附录 C－1 中点号右边小括号内为点坐标，点号左边中括号内为点的特征码。

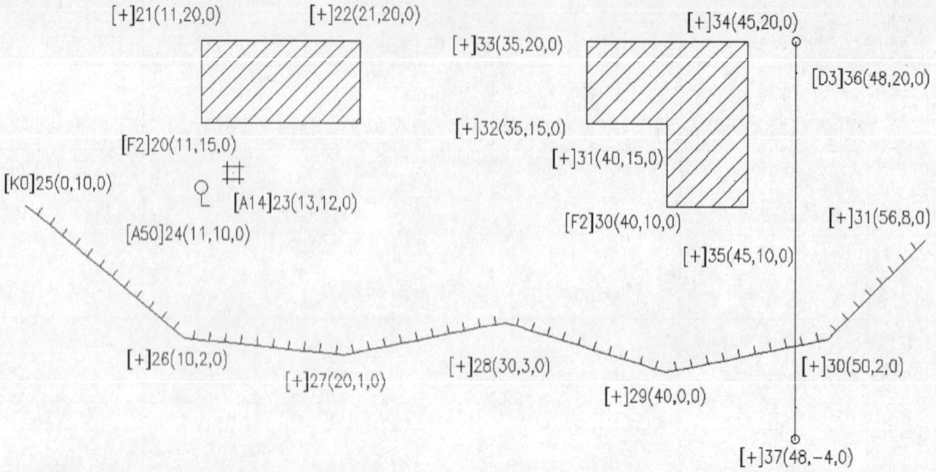

图附录 C－1　简图坐标与编码